小学语文

读书｜行路｜博物｜新知

跟着课本

去旅行

佘承智 主编

天津出版传媒集团

天津科学技术出版社

目录

跟着课本去旅行

-启程-

《旅行日记》

下一站

四川
成都

去哪里：

·杜甫草堂
·锦里民俗区
·大熊猫基地
·三星堆遗址

 吃什么：

·串串香
·四川火锅
·龙抄手担担面
·麻辣兔头

扫码开启旅行

采风天府之国
草堂诗意浓

杜甫草堂

说起四川，人们自然会想到鲜香麻辣的川菜、变幻莫测的川剧变脸、巍峨秀丽的峨眉山、憨态可掬的大熊猫，还会想去蜀都旧地看一看，去杜甫草堂走一走。

杜甫一生流传下来的诗歌有1400多首，其中200多首是在成都的草堂创作的。脍炙人口的《春夜喜雨》《绝句》《茅屋为秋风所破歌》便成文于此。

杜甫草堂是杜甫流寓成都时的故居，被视为中国文学史上的"圣地"。五代诗人韦庄寻得草堂遗址，重结茅屋，使之得以保存，之后历代都有修葺和扩建。如今，它已演变成一处集纪念祠堂格局和诗人旧居风貌为一体的文化旅游胜地，其建筑古朴典雅，园林清幽秀丽。

成都，是一座让人来了就不想走的城市，是一座让时间慢下来的城市，需要你慢慢走，慢慢欣赏，慢慢品味。来吧，去草堂作客，去武侯祠怀古，去亲近可爱的大熊猫，去品尝美味的川菜。

旅行家专栏

　　四川风景秀丽，一年四季都适合游览。这里各类川味小吃熨帖舌尖，大大小小的景点数不胜数，宽窄巷子、大熊猫基地、杜甫草堂、武侯祠都值得一游。如果你时间充裕，还可以去周边的青城山、九寨沟、峨眉山游玩。

第一站：请随我一起去寻民俗文化

　　宽窄巷子—杜甫草堂—武侯祠—锦里

　　宽窄巷子是成都的名片，也是北方的胡同文化及其建筑风格留在南方的见证。宽窄巷子是较大规模的清朝古街道，由宽巷子、窄巷子、井巷子平行排列而成，巷子两侧是青砖黛瓦的四合院落。它与大慈寺、文殊院同为成都三大历史文化名城保护街区。

　　在宽窄巷子，你能看到各种具有川渝特色的民间行业：掏耳朵能让你体验"巴适"的感觉，香囊铺子能让你感受磨草药的悠闲，还有各色小吃、文创商品、汉服摄影，让人应接不暇。巷子里随处都是风景，随处都有民俗。

杜甫草堂位于青羊区青华路38号。诗史堂是杜甫草堂的中心建筑，其正中立有杜甫像。杜甫的诗真实而生动地展现了"安史之乱"前后唐代的社会生活，反映了唐朝由盛转衰的历史。他被后世尊为"诗圣"，他的诗被称为"诗史"，"诗史堂"也因此得名。唐代遗址陈列馆位于草堂东北部，陈列着在草堂内发掘的唐代生活遗址和文物，印证了杜甫在诗中对居住环境及生活情景的描写。茅屋景区则重现了诗人故居的田园风貌，具有浓厚的诗意氛围。

杜甫曾多次赋诗颂扬诸葛亮，一首《蜀相》家喻户晓。武侯祠原是纪念诸葛亮的专祠，后合并为君臣合祀祠庙，是纪念诸葛亮、刘备等人的地方。其内的"文臣武将廊"中，有28尊蜀汉英雄雕像，每尊像前都立有介绍其生平事迹的石碑，将蜀汉往事娓娓道来。

锦里民俗街是武侯祠的一部分，延续了清末的建筑风格，以蜀汉文化和四川传统文化为主要内容。民居、客栈、商铺坐落其间，川茶、川菜、川戏令人应接不暇。你可以住进高挂着丝绸灯笼的客栈，在灯火中感受时空变换的神奇。

第二站：请陪我一起去探秘

大熊猫繁育研究基地—三星堆遗址博物馆

来成都，一定要去看看大熊猫。参观大熊猫一般在上午九点左右为好，据说这个时间的"滚滚"们最活跃。你可以在月亮产房看到刚出生的大熊猫幼崽，还可以看到一岁左右的"幼年滚滚"。幼年期的大熊猫十分可爱，它们在院子里翻滚、洗澡、打闹的喜人场面，会让你舍不得离开。除产房外，整个基地内还有序分布着熊猫饲养区、科研中心、熊猫医院，还有若干处豪华的熊猫"别墅"散落于山林之中。你还能在这里一睹小熊猫的可爱模样。

三星堆遗址是迄今在西南地区发现的范围最大、延续时间最长、文化内涵最丰富的古文化遗址，被誉为"长江文明之源"，是20世纪最伟大的考古发现。三星堆遗址博物馆内陈列着以神秘诡谲的青铜雕像为代表的青铜器，以流光溢彩的金杖为代表的金器，还有以满饰图案的玉璋为代表的玉石器等，反映了古蜀国耀古烁今的灿烂文明，具有极高的历史、文化、艺术价值。

纵横石展

位于成都市的都江堰水利工程是我国古代人民智慧的结晶。当时还没有火药，人们便以火烧石，使岩石爆裂（热胀冷缩的原理），大大加快了工程进度。

绝句

课文直播间

［唐］杜甫

两个黄鹂鸣翠柳，一行白鹭上青天。
窗含西岭千秋雪，门泊东吴万里船。

——选自《古诗二首》人民教育出版社《语文》二年级下册第15课

这首《绝句》描写的是草堂周围明媚秀丽的春景。

诗人是一位伟大的摄影师，他的镜头由近及远，从地面到空中，用短短几句就勾勒出了一幅辽阔的春景图。呈现在我们眼前的，不只是空间的变化，还有色彩的渲染，以及扑面而来的春的气息。

"黄""翠""白""青"四种颜色巧妙地融合在一起，色彩绚丽鲜明，显示出春色的明朗秀丽，仿佛眼睛里也有了光彩。

一横一纵，一鸣一飞，在春色的渲染下，体现出盎然的生机，也流露出作者的喜爱之情。

但作者的视野不只是局限在这里，而是向更远处眺望。凭窗而望，西面的高山依然白雪皑皑；临门而感，东吴的船舶纷纷而至。春天融化不了千年的积雪，却能迎来万里之外的船舶。"窗含西岭千秋雪，门泊东吴万里船"的情景，让诗人内心自然是心潮澎湃。

四句话一组镜头，写了四个景色，像四扇屏风，相互独立，却又自然融合在一起。这明媚的自然景色，折射的是诗人内心的感觉。他感觉到喜悦，感觉到舒畅，感觉到人和自然融洽相处的和谐。

惊奇拆盲盒

1. 你知道四川省还有另一座杜甫草堂吗?

位于绵阳市三台县的梓州杜甫草堂，是继成都杜甫草堂之后的四川第二大杜甫纪念堂。据载，弃官入蜀后的杜甫又遇战乱，无奈之下只好从成都流亡到梓州。"世乱郁郁久为客，路难悠悠常傍人。"在这里，杜甫度过了又一段困苦的生活，但诗人笔耕不辍，依然创作了许多优秀的诗歌。

2.你知道杜甫草堂筹建的故事吗?

有人说，读杜甫的诗就是读史，因为他的诗记录了社会现实。有趣的是，他的诗也记录了自己的居所——成都草堂的建造过程。

唐肃宗乾元二年（759年）岁末，杜甫选择居住地，"浣花溪水水西头，主人为卜林塘幽。"诗人筹建草堂时，得到了众人的帮助，"忧我营茅栋，携钱过野桥。"他还亲自写信向众友求助树苗、绵竹，"奉乞桃栽一百根，春前为送浣花村。"760年的暮春时节，草堂终于落成，"暂止飞乌将数子，频来语燕定新巢。旁人错比扬雄宅，懒惰无心作解嘲。"

3.你知道川剧变脸吗?

变脸是一种川剧表演艺术，是历代艺人共同创造并传承下来的艺术瑰宝。起初，变脸用的脸谱是纸壳面具，后发展为草纸绘制的脸谱。演员在表演时以烟火或折扇为掩护，层层揭去脸谱，实现瞬间变脸。如今制作脸谱的材料已发展成为绸缎面料，极大地方便了演员的表演。

包罗万象

三星堆文明之所以神秘，在于它的延续年代虽然下至商末，但是遗址内出土的文物，其铸造工艺却远先进于殷商文化，且风格完全不同于中国古代文明，而更接近古埃及文明。三星堆文明有许多未解之谜，需要不断发掘，由考古学家一一揭示。

《旅行日记》

下一站

重庆
白帝城

扫码开启旅行

去哪里：

· 白帝城
· 小寨天坑
· 瞿塘峡
· 巫峡
· 西陵峡

吃什么：

· 蟹黄汤包
· 特色烧烤
· 来凤鱼
· 小面、豌杂面

一起去 白帝城

远方有一座"诗城"，李白、杜甫、刘禹锡、范成大、陆游等著名诗人都曾在此地留下足迹，那就是白帝城。

白帝城坐落在重庆市奉节县，这里古称"夔州"，唐贞观二十三年（649年），因旌表诸葛亮奉昭刘备"托孤寄命，临大节而不可夺"的品质，改名为"奉节"。长江三峡首峡——瞿塘峡在这里，世界最大的天坑在这里，世界最长的地下暗河在这里，最神秘莫测的黄金洞古悬棺在这里，无数文人骚客吟诵的巴蜀险地在这里。这里是长江三峡库区的腹心，是重庆市的东大门。"自三峡七百里中，两岸连山，略无阙处。"最美三峡，自奉节开始。来吧，让我们一起去奉节，登诗城，游三峡。

旅行家专栏

行到三峡必有诗。在唯美的诗意中领略长江三峡的壮美景观，感受巴蜀大地的独特风情，体会"诗城"奉节的深厚文化底蕴，在历史与自然的时空里穿梭。来三峡旅游最好是在秋季，此时三峡风光正好，我们可以踏上水路，从白帝城开启旅程。

第一站：请陪我一起去游奉节

白帝城—瞿塘峡—小寨天坑

游奉节自然要从白帝城开始。白帝城位于奉节县瞿塘峡口长江北岸的白帝山上，地处长江三峡西入口，东望夔门，南与白盐山隔江相望。这里地势险峻，古往今来都是兵家必争之地。"刘备托孤"的故事为白帝城增添了几分悲怆色彩；"朝辞白帝彩云间"是李白留下的快意，"无边落木潇潇下"是杜甫留下的忧郁，"杨柳青青江水平"是刘禹锡留下的情意。白帝城最好玩的，莫过于喂猴子了。李白笔下"两岸猿声啼不住"的猴子，随着三峡工程的推进，已经搬家到了白帝城。

瞿塘峡紧邻白帝城，全长8千米，集雄、奇、险、峻为一体，是三峡中最短、最窄、最险的一段峡谷。南北两岸风景各异，文化遗址遍布。"雄踞天下"的绝景"夔门"位于瞿塘峡西口，以雄伟壮观著称，有"夔门天下雄"之盛誉。夔门两岸悬崖陡立，直上直下，寸草难生，但是却和晨曦、晚霞、明月交相辉映，形成了"赤甲晴晖""白盐曙色""夔门秋月"等胜景，美不胜收。

　　小寨天坑是目前世界上发现的最深、最大的岩溶漏斗，被誉为"天下第一坑"。天坑口四面绝壁，宏伟壮观，坑中有无数幽深莫测的洞穴和一条汹涌澎湃的暗河。天坑坑口最大直径626米，垂直深度662米，总容积约1.19亿立方米，几乎能装下整个滇池的水。小寨天坑不仅巨大，其色彩也极其丰富。绝壁上的岩纹颜色奇特，红、黄、黑相间，犹如一幅国画。飞禽在岩缝中飞进飞出，鸣叫、觅食，给这幅巨大的国画平添了几分生机。

第二站：请随我一起乘船游三峡

来重庆，你还可以乘船游览三峡。长江三峡横跨重庆市奉节县、巫山县，湖北省巴东县、秭归县和宜昌市夷陵区，全长约193千米，由瞿塘峡、巫峡、西陵峡组成。两岸高山对峙、崖壁陡峭，山峰高出江面1000～1500米，最窄处不足百米。

游三峡有多种方式，水路应该是最适宜的。重庆市巫山县境内，有大宁河小三峡、马渡河小小三峡。长江沿线重庆境内，有"水下碑林"白鹤梁、"东方神曲之乡"丰都鬼城、建筑风格奇特的石宝寨、"巴蜀胜境"张飞庙、刘备的托孤堂、巫山龙骨坡遗址等景观。

无边落木萧萧下
不尽长江滚滚来

承智 书

纵横石展

三峡水利枢纽工程是迄今世界上综合效益最大的水利枢纽，发挥着巨大的防洪、航运、发电作用，是最具代表性的中国水利水电工程。

课文直播间

早发白帝城

[唐] 李白

朝辞白帝彩云间，千里江陵一日还。

两岸猿声啼不住，轻舟已过万重山。

——选自《早发白帝城》人民教育出版社《语文》三年级上册日积月累

名师点拨

　　这首诗是一首绝句，诗歌轻快明畅，让你感受到诗人愉快的心情。在诗歌的语境中，"发""朝""还""重"四个字告诉了我们诗所叙述的事件。

　　"发"告诉我们诗人出发的地点，"朝"告诉我们诗人出发的时间，"还"告诉我们从白帝城到江陵的路程，"重"告诉了我们途中所经过的山峰。稍稍思索，一张从白帝城到江陵的船行图清晰地呈现在眼前。

　　唐肃宗乾元二年（759年）春天，李白因永王李璘案，流放夜郎，取道四川赶赴被贬谪的地方。行至白帝城的时候，他忽然收到赦免的消息，惊喜交加，随即乘舟东下江陵。此时的心情，亦如那只轻舟，愉快而轻盈。

　　这种轻盈、愉快的心情，从诗的字里行间，处处都可以感受到。"朝辞白帝彩云间"，"彩云间"三个字，既写出了白帝城地势的高，也衬托出诗人此刻的心情。这曙光灿烂的时刻，怀着这样的心情踏上归程。

　　"千里江陵一日还"，"一日还"三个字，用时间与"千里"的空间进行对比，凸显诗人下江陵的心情——隐隐透露出遇赦后的喜悦。

　　"两岸猿声啼不住，轻舟已过万重山。""啼不住""万重山"这六个字，让我们感受到诗人身在这如离弦之箭的船上，顺流而下的快感。心中的喜悦是随着船行的速度而滋长的。

　　"万重山"很重、很长，但较此刻的境况，那是山重途重船不重，身轻心轻舟更轻。

　　58岁的李白，以自己的浪漫，写下这首诗。一日轻快的行程，一身快乐的心情，让我们虽然时隔千年，却依然可以感受诗人内心的情愫。诗人描绘的是一幅自然的行舟画卷，却分明也是诗人遇赦后的心迹。

惊奇拆盲盒

1.你知道世界第一座水下博物馆吗？

重庆白鹤梁水下博物馆，是世界首座水下博物馆。白鹤梁位于重庆涪陵区城北长江中，是一道长约1600米、平均宽度约15米的天然石梁。它常年淹没于江水中，顺江而卧，仅在冬春枯水季节露出水面。因古时常有白鹤群集于梁上，展翅嬉戏、引颈高亢，加上相传有仙人在此乘白鹤而去，于是得名"白鹤梁"。梁上题刻纵横交错，篆、隶、行、楷、草皆备，颜、柳、苏、黄俱全，还有少数民族文字，集历代名家书法大成，素有"水下碑林"之美誉。在博物馆内，你可以沿着参观廊道近距离观看水中的白鹤梁。

2.刘备病死白帝城后，他被埋葬在哪里？

刘备托孤诸葛亮、病死白帝城后，关于其墓葬的地点，一直众说纷纭。

一种说法是刘备葬在成都的惠陵，《三国志》中记载："夏四月癸巳，先主殂于永安宫……五月，梓宫自永安还成都，谥曰昭烈皇帝。秋，八月，葬惠陵。"另一种说法认为，史书记载并不准确，刘备的墓地应该在白帝城。因为奉节农历四月的天气非常炎热，尸体容易腐烂。从奉节到成都，相隔千里之遥，在当时的环境下是很难将刘备遗体送回成都的。

包罗万象　　大型山水实景演艺项目《归来三峡》的演出地点就在白帝城。演出以夔门、瞿塘峡、白帝城为背景，以山水为载体，选取了李白、杜甫、刘禹锡、苏轼、陈子昂、李商隐6位诗人的10首诗词，展现了巴蜀大地独特的风土人情和"诗城"奉节浓厚的文化底蕴。

《旅行日记》

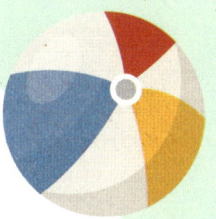

下一站

湖南
洞庭湖

去哪里：

· 岳阳楼
· 君山岛
· 汴河街

吃什么：

· 兰花萝卜
· 油炸刁子鱼
· 洞庭银鱼

扫码开启旅行

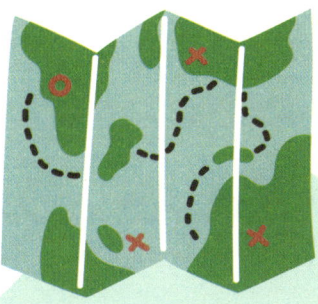

八百里
洞庭抒诗情

今天，我们来到洞庭湖，游君山，登岳阳楼。

洞庭湖位于长江中游荆江南岸。湖中心有座葱翠常绿的小岛，名叫洞庭山（即今君山），洞庭湖便因此而得名。洞庭湖跨湘鄂两省，北连长江，南接湘江、资江，西接沅江、澧水，在湖南省岳阳市城陵矶汇入长江，号称"八百里洞庭湖"。

洞庭湖物产丰富，是著名的鱼米之乡，是湖南省乃至全国重要的商品粮油基地、水产养殖基地。

洞庭湖人文厚重，以君山、岳阳楼、城陵矶为代表的文化滋养着这块土地，是中国传统文化的重要发源地。

湖南岳阳的岳阳楼与湖北武汉的黄鹤楼、江西南昌的滕王阁并称为"江南三大名楼"。其前身为三国时期东吴将领鲁肃的阅军楼，距今已有约1800年的历史。范仲淹《岳阳楼记》中的"先天下之忧而忧，后天下之乐而乐"，又将岳阳楼的文化价值推向更高的境界。

旅行家专栏

江南、湘北，那片向北倾斜的凹型地貌上，一泊湖水以天下为怀，一座阁楼以天下为标。北宋范仲淹用一篇散文将岳阳楼树为中国历史和文化的一座地标，湖区百姓以千百年来的辛勤劳作将洞庭湖建造成天下粮仓。

洞庭湖的最佳游览时间在六七月份，这个时间你来洞庭湖，不仅可以饱览万顷碧波，观赏魅力十足的洞庭湖"十影"，更能登上岳阳楼，感受范仲淹"不以物喜，不以己悲"的忘我境界。

第一站：登岳阳楼—游君山

岳阳楼位于湖南省岳阳市，始建于东汉，历代屡加重修，现存建筑沿袭清代重建时的形制与格局，其独特的盔顶结构体现了古代劳动人民的智慧与工匠的精湛技艺，自古有"洞庭天下水，岳阳天下楼"之誉。

君山是洞庭湖中的一座小岛，与岳阳楼遥遥相对。无数文人曾登临君山揽胜抒怀，李白的"淡扫明湖开玉镜，丹青画出是君山"和刘禹锡的"遥望洞庭山水翠，白银盘里一青螺"更使君山名声大噪。岛上古木参天，茂林修竹，仅名竹就有20多种，神奇而多情的斑竹就生长在二妃墓的周围。君山茶园更是一道亮丽的风景线，排列整齐的茶树像一条条碧绿的玉带围绕在大小山头，名茶君山银针就产自这里。

第二站：屈子文化园—屈子祠—跃龙塔—汴河街

屈子文化园位于湖南省汨罗市屈子祠镇，分为屈子祠核心景区、端午文化体验区、端午文化产业区、端午文化民俗区和汨罗江湿地保护区五大景区。

屈子祠是全国仅存的纪念屈原的古建筑。战国时期，楚国诗人屈原被流放时，曾在汨罗江畔居住。屈原投江而死后，人们为了纪念他，便修此祠。每逢端午佳节，这里都举办龙舟竞渡。届时，江上彩舟如梭，岸上游人如织，热闹异常。祠内有树龄在300年以上的桂树多株，每逢中秋节，黄、白花盛开，馨香四溢，令人陶醉。

跃龙塔位于湖南省益阳市桃江县的凤凰山半腰临江处，是一座由花岗石砌成的七层八面宝塔，高25.5米，始建于乾隆年间。跃龙塔塔身为古代檐式建筑，造型优美、结构严谨、端庄古朴。登上塔顶，可遥望浮邱之雄，俯视资水之秀。

在美丽的洞庭湖畔，有一条古香古色的街道。它紧挨着举世闻名的岳阳楼，那就是汴河街。汴河街是一条功能全面、风景优美、规模宏大的传统风貌商业街，凭栏可眺望洞庭湖之势。

纵横拓展

《岳阳楼记》是北宋文学家范仲淹于庆历六年（1046年），应好友巴陵郡太守滕子京之请，为重修岳阳楼而创作的一篇散文。全文情感真挚、文笔流畅，文中"先天下之忧而忧，后天下之乐而乐"等名句已成为警世格言。

望洞庭

[唐]刘禹锡

湖光秋月两相和,潭面无风镜未磨。

遥望洞庭山水翠,白银盘里一青螺。

——选自《古诗三首》人民教育出版社《语文》

三年级上册第17课

读诗要从诗题读起,从题目中不难看出,这是诗人遥望洞庭湖时有感而发的一首风景诗。

第一句写日暮时分的湖光与月色。天还没黑,但月亮已经升起,水光与月色相互交融,分不清月光与水光。这是一种视觉欣赏,如此和谐的光的融合,分明让我们看到了洞庭湖湖面的开阔辽远。

第二句写此时的湖面,诗人用镜子比喻夜晚平静的湖面。"镜未磨",是因为月亮刚升起,水光与月光融合在一起,湖水不反光,所以湖面就像镜子没磨时一样光泽暗淡。

诗人以敏锐的观察和精准的想象,描摹了秋月下的洞庭湖。

而后诗人的笔触跳跃,视线移向湖中的君山。这里的"山水"即指君山,浮在水中的君山就像放在白银盘子里的青螺。把君山比作青螺,把湖水比作银盘,语言生动形象,比喻贴切有趣,意味隽永悠长。

澄澈空明的洞庭湖水与素月的清光交相辉映。在皓月银辉之下,洞庭山愈显青翠,洞庭水愈显清澈,山水浑然一体,互相映衬,相得益彰,呈现出一派空灵、缥缈、宁静、和谐的景象。

一首山水小诗,诗人以静写动、以小写大、以俗衬雅,眼光独到,思路奇特。诗人信手拈来,表现远望洞庭所见,举重若轻。在诗人眼中,洞庭湖是那样朴素,毫无骄矜之态,这就是人与自然的和谐统一。

1.你知道诗仙和诗圣登临岳阳楼写下的诗篇吗?

　　唐乾元二年（759年），李白流放夜郎，第二年春天至巫山时遇赦，回到江陵。在南游岳阳时，写下五律《与夏十二登岳阳楼》。诗中"雁引愁心去，山衔好月来"生动形象地描写了诗人登岳阳楼极目远眺时所见到的景象，表现了诗人流放获释以后的喜悦心情。

　　唐大历三年（768年），杜甫离开夔州（今重庆奉节），沿江一路漂泊，来到岳阳，写下五律《登岳阳楼》，以"戎马关山北，凭轩涕泗流"表现出自己忧国忧民却无可奈何的精神痛苦。

先天下之忧而忧
后天下之乐而乐

2.你知道"洞庭三宝"吗?

洞庭湖自古物产丰富,君山银针、君山金龟、洞庭银鱼被认为是"洞庭三宝"的一种说法。

君山银针是我国著名黄茶。君山岛上土壤肥沃,春夏两季湖水蒸发,云雾弥漫,岛上树木丛生,自然环境适宜茶树生长,山地遍布茶园。君山银针香气清高,滋味甘醇。冲泡后,嫩芽竖悬于汤中,十分有趣。

君山金龟是生活在君山的一种稀有动物。自古以来,富饶的君山就盛产多种龟,其中尤以金龟最为名贵,其头颈两侧的图案如同金花镶嵌。据说,它守护着君山的灵芝草,所以又叫"芝龟"。

洞庭银鱼通体洁白无鳞,肉质鲜嫩,营养丰富,具有高蛋白、低脂肪的特点,是不能错过的洞庭美味。

生活在洞庭湖、鄱阳湖,以及长江中下游干流中的长江江豚,是古老而珍稀的物种,因为性情温和,嘴部弧线天然上扬呈微笑状,被称为长江的"微笑天使"。它是国家一级保护野生动物,也可能是长江中现存唯一的鲸豚类物种。

包罗万象

《旅行日记》

下一站

湖南
张家界

去哪里：

· 天子山
· 杨家界、袁家界
· 索溪峪
· 张家界大峡谷

扫码开启旅行

吃什么：

· 三下锅
· 乌鸡天麻汤
· 泥鳅钻豆腐
· 腊猪头肉

走进最 "野" 张家界

你看过电影《阿凡达》吗？这次，让我们走进张家界，去找找《阿凡达》中悬浮山的原型。

张家界位于湖南省的西北部，澧水中上游，武陵山区腹地。

张家界的地貌复杂多样，其特有的石英砂岩峰林地貌，更是世界罕见，也造就了独一无二的特色景观——有"三千奇峰、八百秀水"之美誉的武陵源。亿万年前，这里曾是汪洋大海，地球漫长的造山运动使这里成为宽阔的褶皱地，大自然的神工鬼斧雕琢出武陵源今日的砂岩、峰林、峡谷地貌，构成了奇峰耸立、怪石峥嵘、溪水潺流的独特自然景观。这里，被称为"中国山水画的原本"。

来吧，走进最"野"的张家界，在这里尽情释放天性，在山水间做那个最"野"的人。

旅行家专栏

张家界旅游景点比较集中，景点与景点之间交通便利。不用旅途奔波，几天就可以玩转张家界。这里有很多世界之最：世界最高的户外电梯，世界海拔最高的天然穿山溶洞，天下第一公路奇观，以及世界最长的高山客运索道……

第一站：请随我一起去观"三千奇峰"

天子山—杨家界—袁家界—百龙天梯

乘车到达天子山脚下，可以乘坐索道直达山顶。站在天子山观景台远眺，呈现在眼前的便是有着"峰林之王"赞誉的美景。从观景台乘环保车向西南前行，经过贺龙公园、天子御茶园，便来到了杨家界。

杨家界山明水秀、鸟语花香，是一处世外桃源。这里猕猴出没、白鹭栖息。这里还有绝壁藤王，有美丽的五色花，是奇花异草的天下……

杨家界往东南就到了袁家界，这是一座主要由石英岩构成的巨大而平缓的山岳。"天下第一桥"横跨在两座山峰之间，跨度长达25米，与地面距离约357米，是张家界最高的石桥，也是世界上罕见的天然石板桥；"乾坤柱"又叫哈利路亚山，是科幻电影《阿凡达》中"悬浮山"的原型。"百龙天梯"是下山的必经之路，从326米的高度急速下行，最快只需66秒，这种体验非同一般。

第二站：请陪我一起去赏"八百秀水"

金鞭溪—鹞子寨—黄石寨

乘坐百龙天梯下山后，步行至金鞭溪。金鞭溪是一条曲折幽深的峡谷，两岸风景秀丽，景点目不暇接，以金鞭岩、神鹰护鞭、文星岩、紫草潭、千里相会、跳鱼潭最为奇特，人沿清溪行，胜似画中游。

鹞子寨海拔1050米，寨顶为一条狭长岭脊，是一座屹立云天、三面绝壁深达300余米的扁状观景台，以奇险著称。

俗话说，"不上黄石寨，枉到张家界。"黄石寨为一座巨大方山台地，堪称武陵源最美的观景台。登上这座天然的观景台，放眼望去，数不清的石峰和石柱嶙峋挺拔、争露头角，形成浩瀚的峰林，使人胸怀顿畅，欢乐不已。罗汉迎宾、天书宝匣、定海神针、摘星台是不可错过的景点。

第三站：请陪我一起去探溶洞奇观

天门山—云梦仙顶—黄龙洞—张家界大峡谷

武陵源往南是天门山景区，这也是张家界极受欢迎的景点，因世界最高海拔的穿山溶洞——天门洞而得名。

可以乘索道至中转站，然后步行上山。从这里上山有西、东、中三条线路可以选择，每一条线路都有不一样的风景。天门洞是世界海拔最高的天然穿山溶洞，在高山峭壁上形成南北相通之势，宛若一道通天的门户。天门洞的天梯有999级，无论是上，还是下，都特别惊险刺激。

云梦绝顶是天门山景区的制高点。站在顶上，居高临下，视野开阔。环顾四周，晨观日出红山，夕观日落熔金，大小景点，尽收眼底。

武陵源往东有黄龙洞与张家界大峡谷。黄龙洞是典型的喀斯特岩溶地貌，溶洞里钟乳石众多，奇观数不胜数，有"世界溶洞全能冠军"的美誉。

张家界大峡谷是集山、水、洞于一身的地貌博物馆，也是一个天然的大氧吧。这里的玻璃桥是世界上最高、跨度最大的玻璃桥，站在桥上向下看，谷底风光尽收眼底。

纵横拓展

乾坤柱，也就是因《阿凡达》而闻名世界的哈利路亚山，为张家界"三千奇峰"中的一座。其海拔高度1074米，垂直高度约150米，其顶部植被郁郁葱葱，峰体造型奇特，垂直节理切割明显，若刀劈斧削般巍巍屹立于张家界，有顶天立地之势。

课文直播间

走进张家界的索溪峪，脑子里一切意念便都净化了，单单地剩下了一个字：野。

……

这种美，是一种随心所欲的美；无所顾忌，不拘一格；直插云天，敢戏白云；横拦绿水，敢弄倩影；相对相依，宛如"热恋情人"，婷婷玉立，好似"窈窕淑女"。

——节选自《索溪峪的"野"》人民教育出版社《语文》四年级上册第4课（旧版教材）

本文是一篇意境深邃、语言优美而凝练的散文。

"野"是什么？是与"家"相对的，一种天然、真实、未经雕琢的原始状态。作者写索溪峪的山，先用"山是野的"一句话概括索溪峪带给自己的整体印象。再通过与庐山、泰山、黄山进行对比，突出索溪峪的山所具有的天然、野性之美。"野"是文章之眼，紧扣"野"字，作者从三个方面展开具体描写。

首先是惊险之美。作者运用"拔地而起""摇摇晃晃"等动词，让人真切地体会到这里山高而陡的特点，而"仰头而掉帽""望石而惊心"则从游人的动作、感受来表现山的惊险，形象生动，让人有一种身临其境的感觉。

其次是磅礴之美。作者运用关联词"不是……不是……而是……"描绘山千峰万仞，数量之多、规模之宏大，绵亘蜿蜒，令人叹为观止。继而列举"十里画廊""西海峰林"具有代表性的景点，给人更直观的视觉冲击。

还有随心所欲之美。"插""戏""拦""弄"四个动词写出了山的无拘无束，似乎还有些调皮可爱。作者又由相对而立的山联想到"热恋情人"，由独自耸立的山联想到"窈窕淑女"，在写尽奇异多变姿态的同时，也把自己的喜爱之情深深融入其中。

西兰卡普

1.什么是"张家界地貌"?

蠢立的峭壁、嶙峋的怪石、深不见底的深渊，这种地貌不同于喀斯特地貌、丹霞地貌、雅丹地貌，是砂岩地貌中一种独特的类型，极具科学研究价值和观赏价值。2010年11月，国际学术界将此种独特的砂岩地貌类型，命名为"张家界地貌"，以后，无论在地球的任何地方看到这样的景观，它们都有一个共同的名字——张家界地貌。

2.张家界的千年禁地在哪里？

在张家界藏有一片深不见底的神秘峡谷——神堂湾。当地有句俗语，"宁过鬼门关，不下神堂湾。"如果机缘正好，据说能在那里听见谷底敲锣打鼓、人喊马嘶的诡异声响，足见其神秘和恐怖。后来，经过科学研究，神堂湾的怪声之谜终于被揭开。神堂湾谷是上下小、中间大的葫芦型结构，就像一个巨大的共鸣腔。高速运动的气流穿过三面悬崖的谷中时，气流在崖壁内来回碰撞，与崖壁发生摩擦，所以形成回响。

包罗
万象

大鲵，也就是娃娃鱼，是3亿年前与恐龙同一时代生存并延续下来的珍稀物种，被誉为"游动的活化石"。张家界是中国大鲵最主要的原产地，拥有第一个大鲵国家级自然保护区。

《旅行日记》

下一站

湖南
橘子洲头

去哪里：

· 湖南
  博物院
· 岳麓书院
· 橘子洲头
· 雷锋故乡

吃什么：

· 长沙臭豆腐
· 嗍螺
· 小龙虾

扫码开启旅行

恰少年 看橘子洲头万山红遍

"**独**立寒秋，湘江北去，橘子洲头。看万山红遍，层林尽染；漫江碧透，百舸争流。"

说起长沙，你能想到什么？想到了毛泽东的出生地和橘子洲？还是想到了岳麓山的岳麓书院和爱晚亭？又或许你这个小馋猫想到了名扬天下的长沙臭豆腐、文和友小龙虾和"茶颜悦色"？

春秋战国时期，长沙隶属楚国，楚人在湘江的东方建起城池，于是便成了早期的长沙城。中国近代史上，辛亥革命、新民主主义革命都有湖湘儿女抛洒热血。百年激荡的岁月，处处留下长沙的身影。

深厚的文化底蕴推动着长沙的现代化发展。如今的长沙，高新技术产业发展迅猛，我们熟知的超级杂交水稻、"天河"系列超级计算机、中低速磁悬浮技术和北斗卫星导航系统等，早已融入我们的生活。

今天，让我们读领袖诗词，走近长沙，体会这座城市的意气风发。

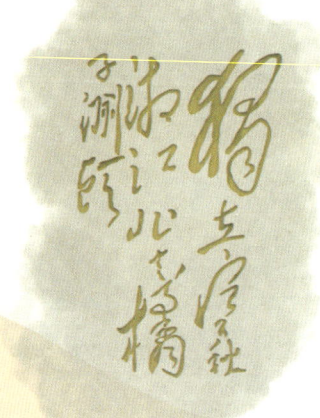

旅行家专栏

"长沙，楚之粟也"，是中国历史上唯一经历三千年历史而城址不变的城市，有"屈贾之乡""楚汉名城""潇湘洙泗"之称。不妨在这趟旅程中感受它悠久的历史和深厚的文化底蕴。

第一站：天心阁—湖南博物院—岳麓书院

雄踞于古城墙垣之上的天心阁，原名"天星阁"，是古人观测星象、祭祀天神的地方，再加上这里曾位于长沙古城地势最高的龙伏山巅，因此被视为有祥瑞之兆的风水宝地。

湖南博物院是长沙市的文化地标，是国家级重点博物馆，也是领略湖湘文明进程与奥秘的重要窗口。世界闻名的马王堆汉墓出土文物就陈列于此。

岳麓山的山脚下有一处小小的院落，被余秋雨称为"千年庭院"，它就是中国古代四大书院之一的岳麓书院，朱熹、王守仁等都曾在此讲学。其古代传统的书院建筑至今保存完好，每一组院落、每一块石碑、每一枚砖瓦都闪烁着时光淬炼的人文精神。

第二站：湖南第一师范学院（城南书院校区）—橘子洲—毛泽东同志故居

来到湖南，一定要去看看享有"千年学府，百年师范"美誉的名校——湖南第一师范学院。这里是湖湘文化的发祥地和中国现代师范教育的摇篮之一，有着悠久的历史，前身是南宋时期的城南书院，毛泽东曾在此求学、工作，并从事中国共产党的成立等一系列革命活动。

距离湖南第一师范不远就是橘子洲，其由南至北，纵贯江心，西瞻岳麓，东临古城，是湘江下游众多冲积沙洲中面积最大的沙洲。巨大的伟人雕像立于洲头，展示着毛泽东青年时代胸怀大志、风华正茂的气概。一定不要错过橘子洲万灯闪耀的夜景。

跟随伟人足迹，我们来到韶山市毛泽东同志故居，这是毛泽东出生和成长的地方。在阔别故乡32年后，他回到韶山，发出"为有牺牲多壮志，敢教日月换新天"的感慨，歌颂伟大的中国人民。

第三站：雷锋纪念馆—铜官窑国家考古遗址公园

雷锋纪念馆坐落在长沙市望城区雷锋街道正兴路。走近纪念馆，首先看到的就是广场上身穿军装、容光焕发、英姿飒爽的雷锋塑像。

来到雷锋生平事迹陈列馆，你可以了解到雷锋的学习、工作、生活历程，并能深切感受到雷锋用实际行动践行了"把有限的生命，投入到无限的为人民服务之中去"的初心。

从雷锋纪念馆出来，我们可以到书堂山街道的彩陶源村，参观长沙铜官窑国家考古遗址公园。唐朝时，长沙铜官窑最早烧制出釉下彩瓷，这在世界陶瓷发展史上具有划时代的意义。

课文直播间

沿着长长的小溪，
寻找雷锋的足迹。
雷锋叔叔，你在哪里，
你在哪里？

小溪说：
昨天，他曾路过这里，
抱着迷路的孩子，
冒着蒙蒙的细雨。
瞧，那泥泞路上的脚窝，
就是他留下的足迹。

顺着弯弯的小路，
寻找雷锋的足迹。
雷锋叔叔，你在哪里，
你在哪里？

小路说：
昨天，他曾路过这里，
背着年迈的大娘，
踏着路上的荆棘。
瞧，那花瓣上晶莹的露珠，
就是他洒下的汗滴。

乘着温暖的春风，
我们四处寻觅。
啊，终于找到了——
哪里需要献出爱心，
雷锋叔叔就出现在哪里。

——选自《雷锋叔叔，你在哪里》
人民教育出版社《语文》二年下册第5课

长长的小溪、弯弯的小路，雷锋叔叔的脚步从未停息；迷路的孩子、年迈的大娘，雷锋叔叔心中牵挂他人；蒙蒙的细雨、路上的荆棘，雷锋叔叔的信念从未改变；泥泞路上的脚窝，花瓣上晶莹的露珠，雷锋叔叔的爱心传递世间。

诗人用凝练的语言，形象地概括表达了雷锋叔叔"出差一千里，好事一火车"的雷锋精神。雷锋心中时时装着人民，处处想着人民。

雷锋曾说："人的生命是有限的，可是，为人民服务是无限的，我要把有限的生命，投入到无限的为人民服务之中去……"确实，雷锋用他的一举一动感动了身边无数人，他是一个高尚的人，一个乐于奉献的人，一个能给他人带来春天般温暖的人。

小溪在说话，小路在说话，花瓣在说话。他们诉说着雷锋叔叔的一言一行，他们再现着雷锋叔叔善行的情景。

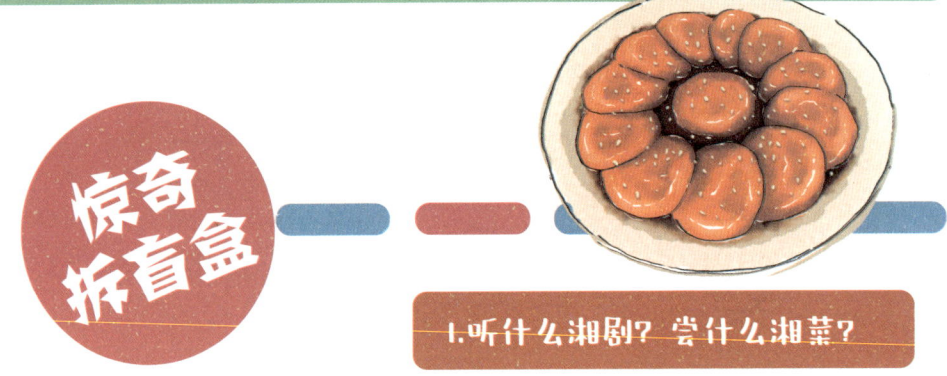

惊奇拆盲盒

1.听什么湘剧？尝什么湘菜？

来到湖南，可以欣赏独具地方特色的湘剧。湘剧是湖南省地方戏曲剧种之一，与民间艺术和地方语言巧妙结合，充分展现了湖南的文化魅力。《琵琶记》《白兔记》《拜月记》都是经典的湘剧作品。

欣赏完湘剧，一定要尝尝湖南的美食。长沙是一座在历史长河中磨出千滋百味的城市，它就像一席盛宴，会让所有食客乘兴而来，尽兴而归。臭豆腐、麻辣仔鸡、糖油粑粑、口味虾、酱板鸭等美食，都令人回味无穷。

2.衣服竟能薄如蝉翼？

　　湖南博物院珍藏的曲裾素纱单衣和直裾素纱单衣，是堪称国宝的两件稀世珍品，于1972年从马王堆一号汉墓出土。它们薄如蝉翼、轻若烟雾，重量不到50克，是存世年代最早、保存最完整、制作工艺最精、最轻薄的服装珍品，代表了西汉早期养蚕、缫丝、织造工艺的最高水平。

3.你知道"长沙三绝"是什么吗？

　　在长沙，人们将湘绣、棕编和菊花石雕并称为"长沙三绝"。湘绣有2000多年的历史，其着色富于层次、绣品精巧如画，独特的毛针法使湘绣表现的狮、虎栩栩如生。长沙棕编是以棕榈叶编制成的小工艺品，常以鸟、虫、虾、鹤、青蛙等动物为造型，开工艺美术棕编之先河，历史悠久。菊花石雕是以菊花石为原料的一种传统石雕艺术，其造型设计追求意境、传神写实、力求形式美，不同的题材和造型设计具有不同的雕刻手法。可以说"长沙三绝"充分展现了长沙人民的智慧与创造力。

包罗万象

　　辣椒是湘菜的灵魂，剁椒鱼头是湘菜王冠上闪亮的明珠。这一大盘红彤彤的菜肴，直观地体现了湖湘文化的豪爽直率。剁椒鱼头除了因食材获取方便、滋味鲜辣而受人喜爱之外，还寓意着"红运当头"，象征着人们对日子越过越红火的衷心祝愿。

《旅行日记》

下一站

江西
井冈山

去哪里：

· 井冈山
革命烈士陵园

· 龙潭瀑布

· 武功山

· 宜春温泉

扫码开启旅行

吃什么：

· 井冈竹鼠

· 荷包玻璃鱼

· 石耳炖武山鸡

井冈红米

43

风展红旗
井冈如画

井冈山是一座青色的山，也是一座红色的山。

井冈山位于江西省吉安市的西南部，地处湘赣两省交界的罗霄山脉中段，自古有"郴衡湘赣之交，千里罗霄之腹"之称。这里群峰矗立，万壑争流，集人文景观与旖旎的自然风光为一体。峰峦、山石、瀑布、气象、溶洞、温泉等景观各具风姿，让人流连忘返。

井冈山是中国革命的摇篮。1927年，以毛泽东为代表的中国共产党人在井冈山创建农村革命根据地，开启了"农村包围城市，武装夺取政权"的中国革命新道路。这里的每一间房屋、每一片竹林、每一条山溪，都向你讲述着可歌可泣的红色故事。

让我们一起踏上井冈山，去追寻英雄的足迹。

旅行家专栏

井冈山，是值得珍藏在记忆中的风景宝库和精神圣殿。这里雄峙百里，风光瑰丽，看不尽峪壑幽深、溪流澄碧、竹林蓊郁、山花灼灼，听不厌红歌飘飞，诉不尽动人传说。

黄洋界

龙潭瀑布

烈士陵园

五指峰

杜鹃山

第一站：请随我一起游五指峰

五指峰—杜鹃山景区—井冈山革命烈士陵园

井冈山的主峰为五指峰，因五座山峰状如握拳的右手五指而得名。峰峦绵延数十千米，气势磅礴，巍峨峻险，杳无人迹，其景色只能站在隔岸的主峰观景台上远望，是保存完好的原始森林。五指峰下的井冈湖是集供水、发电、游览为一体的人工蓄水湖。湖面碧波粼粼，湖周围林木密密层层，盘根虬枝，浓荫如盖。

杜鹃山又叫笔架山，两侧山脊上生长着的高大挺拔的杜鹃林带，品种繁多，争奇斗艳。盛花期，红色的杜鹃花海一望无垠，形成浪漫而壮观的"十里杜鹃长廊"。

乘上总行程5000多米的缆车，犹如踏着一道美丽的彩虹。云游在山水之间，雄伟峻峭的山峦、浩瀚无垠的林海、绝壁千仞的峡谷、瑰丽灿烂的日出、奇绝独特的杜鹃五大奇观将尽收眼底。

井冈山的红色之旅，一定要去井冈山革命烈士陵园。陵园位于茨坪北面的北岩峰上，园内绿树常青，素花点缀，庄重肃穆，无数英雄长眠于此。让我们走进陵园，缅怀先烈，传承红色精神。

第二站：请随我一起游龙潭瀑布看飞瀑

龙潭瀑布—黄洋界

龙潭景区坐落在井冈山北面，黄洋界南麓，距茨坪7千米。这是一个以群瀑集聚为显著特色的景区，素有"五潭十八瀑"之称。五潭指碧玉潭、锁龙潭、珍珠潭、击鼓潭、仙女潭，以仙女潭景色最美。

穿过龙潭瀑布，就来到了黄洋界。黄洋界风景优美，峰峦叠嶂，时常弥漫着茫茫的云雾，呈现出群山奔涌、白云填谷的气象，蔚为奇观。黄洋界坡陡路狭，地势险峻，是茨坪北面的要隘，黄洋界哨口工事就曾修筑于此。这是拱卫井冈山革命根据地的五大哨口之一，具有一夫当关、万夫莫开之势。来到黄洋界，过去的隆隆炮声已随岁月风尘远去，仅存当年红军修筑于绿树青山中的战壕遗址。哨口忆往昔，峥嵘岁月稠。

第三站：请随我一起游武功山

武功山—宜春温泉

如果你时间充足，可以去井冈山附近的武功山一游。武功山地跨萍乡、吉安、宜春三市，历史上曾与湖南衡山、江西庐山并称"江南三大名山"，有"衡首庐尾武功中"之称。武功山有"一湖、二泉、五瀑、七潭、七岩、八峰、十六洞、七十五里景"之胜景，尤其以高山草甸、红岩峰瀑布群、金顶古祭坛群最受青睐。

游览完武功山，自然要到宜春泡温泉。宜春因"城侧有泉，莹媚如春，饮之宜人"而得名。唐代韩愈也曾写下"莫以宜春远，江山多胜游"的诗句。宜春拥有悠久的地热温泉利用历史，其地下热水及矿水分布密，且出水量大，水质极佳，可饮可浴。

纵横拓展

"井冈自古无大道，崎岖古道路途遥。"如今，井冈山的路，空中航路直达山前，高速公路环绕四边，沥青公路纵横贯穿，观光栈道随处可见，挑粮小道保留至今。千变万化的道路，记录着井冈山历史的巨大变迁。

课文直播间

1928年，朱德同志带领队伍到井冈山，跟毛泽东同志带领的队伍会师了。红军在山上，山下不远处就是敌人。

红军要巩固井冈山根据地……可是每次挑粮，大家都争着去。

朱德同志也跟战士们一道去挑粮……不料，朱德同志又找来一根扁担，写上了"朱德的扁担"五个字。大家见了，越发敬爱朱德同志，不好意思再藏他的扁担了。

——节选自《朱德的扁担》人民教育出版社《语文》二年级上册第16课

名师点拨

一根扁担，一个故事，折射出人性的光辉。

现在的黄洋界哨口遗址下方，就是著名的"挑粮小道"。

朱德是红军的军长，却能与战士们一起"穿着草鞋，戴着斗笠，挑粮爬山"。你能感受到朱德的平易近人，这是红军队伍里官兵平等的风气。

战士们尊敬自己的首长，他们担心"累坏了怎么办？""大家劝他不要去挑""把他那根扁担藏了起来"，但是朱德却不同意。

他找不到扁担仍不罢休，找到军需处长范树德，花一个铜板让他买了一根毛竹，"连夜又赶做了一根扁担，并写上了'朱德记'三个字。"又高高兴兴地下山挑粮去了。

战士爱戴朱德，朱德严于律己。艰苦年代，朱德身先士卒，吃苦在前，享受在后。朱德的扁担，挑来了军粮，也挑来了官兵一致、干部带头的优良作风和艰苦奋斗的精神。

惊奇拆盲盒

1.井冈山的市花是什么？

井冈山的市花是杜鹃。杜鹃花又名映山红，自古便深受人们的喜爱。在古代，杜鹃花是文人墨客诗中的意象、画中的美景。在现代中国人民的心中，杜鹃花是英雄之花、胜利之花。很多以杜鹃花为题材的歌曲，歌颂了无数中华儿女在战争年代抛头颅、洒热血，建立新中国的英雄史诗。

2.井冈山竟有方形的竹子?

井冈山的百竹园景区是一座以"竹文化"为突出特色的科普观赏园,园内有各类竹子百余种,包括紫竹、罗汉竹、井冈竹、金竹、银竹、龟甲竹、湘妃竹等,其中有一种就是方竹。

方竹的横截面并不是棱角分明的方形,而是略显方形。幼时的方竹是没有刺的,竹竿呈圆形。长成之后,其竹竿呈方形,竹节头带有小刺,绿影婆娑呈塔形。

3.歌谣里的"红米饭,南瓜汤"是什么?

井冈山盛产红米,过去,山区的稻谷加工条件差,加上红米稻的稻皮坚韧,加工出来的大米都比较粗糙,食用时很难咽吞,红军吃的就是这种米。井冈山的南瓜又大又多,还能果腹,稍放点盐,放在清水里煮便是南瓜汤。

红米饭、南瓜汤是对井冈山艰苦岁月的回忆,这不仅仅是一种味道,更是一种艰苦奋斗和大无畏的革命乐观主义精神。

包罗万象

在井冈山的夜晚,远眺山上,常能看到一盏盏淡蓝而柔和的小灯笼,这就是有趣的"灯笼树"。灯笼树善于吸收土壤中的磷,入夜则释放出磷化氢气体,这种气体燃点低,在空气中能自燃。远远望去,一团团淡蓝色的磷光,酷似一盏盏闪烁的小灯笼。

《旅行日记》

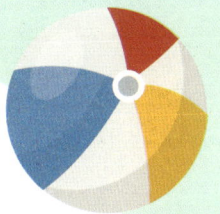

下一站

云南
大理

去哪里：

·环洱海
·大理古城
·苍山雪顶

吃什么：

·大理酸辣鱼
·乳扇、粑粑
·鸡丝米线
·饵块、饵丝

扫码开启旅行

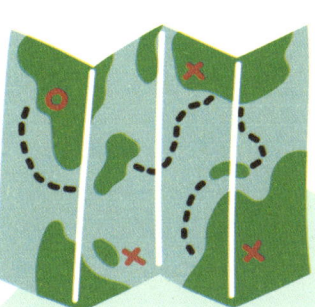

洱海月，我在大理寻觅你

　　这次，让我们一起来到大理，走近苍山雪、洱海月。

　　大理是一座很美、很有韵味的古城，"风、花、雪、月"的四景与气象是大自然赋予的恩赐。来这里旅游，你可以在蝴蝶泉边倾听如梦的传说，也可以在鸡足山上聆听梵音低吟。或是在古城轻柔的和风里，感受大理的岁月变迁，又或是在喜洲古镇体验白族的民俗风情。当然，最值得你深入其间的，是去洱海泛舟，看洱海如镜、苍山如屏、天地之苍茫。

　　洱海古名"叶榆泽"，是面积仅次于滇池的云南第二大湖，因湖的形状像人的耳朵而得名。洱海是风光秀丽的高原淡水湖，水色蔚蓝，清澈见底，自古以来被称作"群山间的无瑕美玉"。如果你从空中俯瞰，洱海宛如一轮新月，静静地依卧在苍山和大理坝子之间。来大理，洱海是必去的景点。

　　来吧，让我们一起去大理，来一场洱海环湖之旅。

旅行家专栏

　　大理全年温差小，年平均气温不到20℃，寒暑适中，四季如春。有歌曲唱道"大理三月好风光"，所以在春季前往大理游玩，最合适不过。

第一站：请随我一起环游洱海

崇圣寺三塔—喜洲古镇—海舌公园—蝴蝶泉—小普陀

崇圣寺三塔是大理的地标性建筑，三座塔鼎足而立，千寻塔居中，二小塔南北拱卫，三塔西对苍山，东对洱海，具有极高的历史、文化和建筑价值。

喜洲古镇是重要的白族聚居城镇，这里保存着最多、最完好的白族民居建筑群。这些民居雕梁画栋、斗拱重叠、翘角飞檐，门楼、照壁、山墙的彩画装饰绚丽多姿，充分体现了白族人民的建筑才华和艺术创造力。在这里，可以吃到喜洲破酥粑粑，买到精美的白族扎染。

海舌公园和蝴蝶泉各具其美。海舌公园是一个三面临水的长沙洲，是洱海边的小型生态公园。湖岸绿树成荫，两岸景色各不相同，一边是浪涛拍岸，另一边是波光粼粼。蝴蝶泉流传着动人的传说，是当地人心目中象征爱情忠贞的圣地。

小普陀是洱海中的一座"袖珍小岛"，岛形像一枚浮于水面的金印，神雾缭绕，仙风徐徐。岛上建有一座歇山顶楼阁，小巧玲珑。

第二站：请陪我一起游大理古城

大理古城天主教堂—五华楼—大理市博物馆

大理古城位于风光秀丽的苍山脚下，是古代南诏国和大理国的都城。城内街道呈典型的棋盘式布局，是大理的旅游核心区。

在新民路一侧的巷子里，有一座天主教堂。这座教堂的独特之处就在于它采用白族建筑的设计风格，雕梁画栋、实木斗拱，配以中国传统的彩绘，华丽无比，中西合璧，值得一看。

五华楼命运多舛，多次毁坏，又多次重建。如今所见的是20世纪90年代仿明代五华楼修建而成的。登楼远眺，大理景色尽收眼底。

大理市博物馆，在清朝曾是云南提督府，其院落本身就是一件贵重的历史文物。馆中藏有大理国至民国时期的大量碑刻，这是研究大理历史文化的实物资料库，是我国西南规模最大的碑林，更是大理最好的"说明书"。

第三站：请陪我一起登苍山雪顶

感通索道—洗马潭索道—中和索道

苍山十九峰，巍峨雄壮，与秀丽的洱海风光迥然不同，山顶上终年积雪，古人称之"炎天赤日雪不融"。苍山十九峰，两峰夹一溪，十八溪流入洱海，滋养了山下的这片土地。

　　登苍山，最好的方式就是乘缆车。感通索道又叫"中索道"，起点位于感通寺，终点位于清碧溪。途中可以看到苍山大峡谷，还能看到极为醒目的珍珑棋局，这是根据金庸武侠小说《天龙八部》里的描述，将围棋改为象棋后建造的，引人入胜。

　　洗马潭索道也叫"大索道"，由天龙八部影视城起，经七龙女池，到达洗马潭。七龙女池是从下至上的七个天然水池，有飞瀑倾泻而下，如洁白的轻纱挂在壁上。洗马潭海拔高、水质清，是苍山顶上风景绝佳的高山湖泊，相传忽必烈征大理时，曾在这里驻扎洗马。

　　中和索道是开放式吊篮索道，起于大理古城三月街赛马城西，终于中和寺，直达玉带云游路尽头。它的特点便是位置特殊，位于苍山中间，且开放式索道视野极为开阔。

细细的溪水，流着山草和野花的香味，流着月光。灰白色的鹅卵石布满河床。呦，卵石间有多少可爱的小水塘啊，每个小水塘都抱着一个月亮！哦，阿妈，白天你在溪里洗衣裳，而我，用树叶做小船，运载许多新鲜的花瓣……

有时，阿妈给我讲月亮的故事，讲一个古老的传说；有时，却什么也不讲，只是静静地走着，走着。走过月光闪闪的溪岸，走过石拱桥，走过月影团团的果园，走过庄稼地和菜地……啊，在我仰起脸看阿妈的时候，我突然看见，美丽的月亮牵着那些闪闪烁烁的小星星，好像在天上走着，走着……

——节选自《走月亮》人民教育出版社《语文》四年级上册第2课

名师点拨

作者以"啊，我和妈妈走月亮"为情感线索，向我们描绘了多幅精美的月光图。

溪边月光图充满着童话般的诗意。在作者的笔下，不仅是溪水在流动，还"流着山草和野花的香味，流着月光。"当香味与月光都流动起来的时候，月夜就显得浪漫而有诗意。当溪水与水卵石相映，"呦，卵石间有多少可爱的小水塘啊，每个小水塘，都抱着一个月亮！"对于作者来说，在溪边的童年，就是这样充满着童话般的快乐。

村道边，果园里，田埂上，月光也是那么丰富。乡村的道边，虫鸟和鸣；乡村的果园，硕果累累；乡村的田头，我的乐园。

这是一幅美丽的画卷，这是一篇精美的散文，更是一张精致的生活剪影。

惊奇拆盲盒

1.白族特色茶是什么?

来到大理,不可错过白族三道茶。谁道人生好滋味,一苦二甜三回味。白族三道茶,便是借茶喻世的独有茶道。三道茶,总共有三杯,第一杯清苦,第二杯甘甜,第三杯回味,折射出无限的人生哲理。

2.你知道霸王鞭舞吗?

霸王鞭舞是独具特色的白族民间舞蹈。舞蹈表演所用的霸王鞭一般为竹制,其上穿有铜钱,在舞蹈时击打地面或身体部位。霸王鞭舞热情奔放,人越多气氛越热烈。民族节日期间,你便能在白族村寨之中欣赏到如此意趣盎然的舞蹈。

包罗万象

洱海是我国第七大淡水湖泊,比它大的有鄱阳湖、洞庭湖、太湖、洪泽湖、巢湖、滇池。洱海的湖水从下关西洱河的天生桥下流出,经漾濞江后,又汇入澜沧江,出国境后称为湄公河,最后流进太平洋。

《旅行日记》

下一站

云南
西双版纳

去哪里：

· 曼听公园
· 澜沧江
· 野象谷
· 中缅第一寨

吃什么：

· 特色酸凉拌
· 傣味酸肉
· 酸笋煮鸡/鱼

扫码开启旅行

嗨，一起去过泼水节吧

嗨，这次我们一起去西双版纳过泼水节吧！

西双版纳，在傣语中叫作"勐巴拉娜西"，意思是"理想而神奇的乐土"。西双版纳位于云南省的最南端，是傣族的主要聚居地之一。

这是一片神奇的热带雨林，有长臂猿、云豹、眼镜蛇等珍禽异兽，也有箭毒木、望天树、高山榕、绞杀植物等奇木异葩。亚洲象、绿孔雀、凤尾竹是西双版纳的代表性动植物。

西双版纳的少数民族风情更是闻名遐迩。泼水节是傣族一年中最盛大的传统节日。节日期间，成群结队的民众走上街头，参与相互泼水祝福的狂欢活动，热闹非凡。人们还有拜佛、赛龙舟、放高升、点孔明灯的传统活动，现在更是增加了游行、文艺会演、电影晚会、展览和集市贸易等内容。泼水节已成为展示傣族水文化、音乐舞蹈文化、饮食文化、服饰文化和民间传统文化的最佳舞台。

"泼水节"是中国第一批列入国家级非物质文化遗产名录的民族节日。来西双版纳，你一定会不虚此行。

旅行家专栏

"长夏无冬，一雨成秋"，西双版纳气候终年温暖湿润，无四季之分，只有干湿季之别，一年四季都适合旅游。

传统的傣族竹楼由竹子、竹篾、茅草搭建而成，属于干栏式建筑，这种建筑适合建在雨水较多的地方，距今已有数千年的历史。现代的傣族竹楼一般搭成上下两层。下层只有支撑房屋的柱子，可以圈养牲畜、堆放杂物。上层是人们居住的空间，可分为前廊、堂屋、卧室和晒台四部分。

第一站：一起体验泼水节

傣族园—曼听公园—总佛寺—夜游澜沧江

如果说西双版纳是一只美丽的孔雀，橄榄坝就是孔雀的尾巴，傣族园就是尾巴上最美丽的羽翎，它集中展示了傣族的历史文化与民风民俗。逛完傣族园，可以去西双版纳最古老的公园——曼听公园。

走进曼听公园，就能看见矗立在门前的周恩来雕像。身着傣族服装的周恩来，左手端水钵，右手持橄榄枝，满面笑容地与傣族人民一起欢庆泼水节。

如果你也想体验一下热闹非凡的泼水狂欢，那就要在每年的4月13日到15日来西双版纳。这里有三天的节日活动：第一天可以在澜沧江上看龙舟竞渡，放"高升"烟火，点天灯许愿；第二天可以一边观看游演，一边去赶傣族的集市，尝一尝傣族特色美食；第三天去参加万人狂欢的泼水活动，用清水洗去尘埃，祝福彼此。

从曼听公园后门出去，就来到了总佛寺。总佛寺建筑大气雄伟，金碧辉煌，体现着西双版纳深厚的佛教文化。

到了夜晚，一定去澜沧江，乘船夜游，感受沿江的傣族风情。

第二站：请陪我一起去穿越西双版纳原始森林

野象谷—植物园—花卉园—原始森林

野象谷内河谷纵横，森林茂密，具有独特的热带雨林风光。除亚洲野象外，这里还生活着野牛、绿孔雀、猕猴等珍奇动物。

离开野象谷，可以去西双版纳热带植物园与花卉园。这里是中国面积最大、收集物种最丰富的植物园之一。

观赏完神奇的热带植物，让我们去西双版纳原始森林公园。这里是北回归线以南保存最完好的热带沟谷雨林。在这里，你既可以欣赏到板根、绞杀、老茎生花、古藤等奇异景观，又能见识到数百只孔雀齐飞的壮观场面。买一包饲料亲手喂孔雀，与孔雀近距离接触一定非常有趣！

中缅第一

第三站：一起到茶马古道和中缅边境走一走

茶马古道—八角亭—打洛小镇—中缅第一寨

西双版纳是普洱茶的故乡。茶马古道是我国西南地区以茶叶和马匹为主要交易内容、以马帮为主要运输工具的商品贸易通道，它的存在推动了各民族经济文化的发展。

向西不远便是景真八角亭，北面有一座佛塔与八角亭遥遥相对。两者之间，有棵巨大又古老的菩提树，点缀了八角亭的绮丽风光。

野象谷

茶马古道

总佛寺

澜

沧

江

曼听公园

西双版纳
原始森林公园

热带植物园

傣族园

再向西南，就能到达中缅边境的打洛镇，观赏"独树成林"。这棵900多岁的榕树十分奇特，树冠巨大，像一面绿色屏障。

最后可以前往中缅第一寨，感受寨子里古老的造纸、打铁、制陶、榨糖和酿酒等傣族民间手工艺。

惊奇拆盲盒

那天早晨，人们敲起象脚鼓，从四面八方赶来了。为了欢迎周总理，人们在地上撒满了凤凰花的花瓣，好像铺上了鲜红的地毯。一条条龙船驶过江面，一串串花炮升上天空。人们欢呼着："周总理来了！"

周总理身穿襟白褂、咖啡色长裤，头上包着一条水红色头巾，笑容满面地来到人群中。他接过一只象脚鼓，敲着欢乐的鼓点，踩着凤凰花铺成的"地毯"，同傣族人民一起跳舞。

开始泼水了。周总理一手端着盛满清水的银碗，一手拿着柏树枝蘸了水，向人们泼洒，为人们祝福。傣族人民一边欢呼，一边向周总理泼水，祝福他健康长寿。

——节选自《难忘的泼水节》人民教育出版社《语文》
二年级上册第17课

名师点拨

一条条龙船驶过江面，一串串花炮升上天空，一片片凤凰花瓣铺成地毯，一只只象脚鼓敲响起来，傣族人民在一年一度的泼水节里，因为周恩来的到来而欢呼舞蹈。

"襟白褂，咖啡色长裤""水红色头巾"，人群中的周恩来身着傣族服装。敲响象脚鼓，踩着"红地毯"，跳起欢乐舞蹈，人群中的周恩来满面笑容。端着盛满水的银碗，拿着树枝蘸水泼洒，人群中的周恩来满声祝福。

泼水节是傣族人民的传统节日，"泼水"传递着美好祝福，这一天因为周恩来的到来，被赋予了更深厚的情感、更浓烈的爱意。

"甘露随人意，瞬间雨倾盆。"身处其中，泼洒出的是爱，是健康，是幸福，是民族的团结，是国家的富强。

1.泼水有什么讲究?

傣历新年期间,在各村各寨的佛寺里都要举行隆重的"沐佛"活动,活动结束后,人们用纯净的水相互泼洒,相互祝福。这一活动经过演变和发展,形成了今天的"泼水狂欢"。泼水是有讲究的,分为文泼和武泼。文泼温柔亲昵,似蜻蜓点水,一般用树枝蘸水轻轻泼在别人身上。武泼相反,人们用盆装满水,把一盆水直接全部泼出去,畅快淋漓,热情洋溢。

2.你知道纳西古乐吗?

云南的纳西古乐是一种古老的音乐。"古老"体现在纳西古乐的"稀世三宝"上:首先是古老的曲子;其次是古老的乐器,乐师们手上所持的乐器,皆有悠久的历史;再就是"古老"的艺人,纳西古乐的乐师们通常年纪较大,技艺高超。

3.你认识傣族的特色服饰吗?

西双版纳的傣族服饰极具民族特色。当地女子身穿各色紧身上衣,外面斜罩着一件无领窄袖短衫,露出胳膊。下身穿彩色长筒裙,盖住脚面,腰上系着精美的银质腰带。美丽的傣族少女,喜欢将黑亮的长发盘于脑后,在紧身短衫和花裙的装扮之下,亭亭玉立,宛如古典仕女。

包罗万象

相传,天上掌管日月星辰的是一个凶残的魔王,他无恶不作,使昼夜混乱,民不聊生。魔王的七个女儿十分憎恶他,最后以火烧的办法大义灭亲。傣族人民为了纪念勇敢的姑娘们,用泼水象征冲洗她们身上的污垢,这就是泼水节的传说。

《旅行日记》

下一站

贵州
遵义

去哪里：

·遵义会议旧址

·茅台镇

·娄山关

·赤水丹霞

旅游区

 吃什么：

·肠旺面

·遵义羊肉粉

·酸汤鱼

扫码开启旅行

67

重走长征路 深度体验游
"醉美遵义"

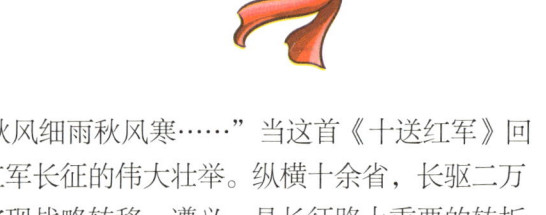

"一送红军下了山，秋风细雨秋风寒……"当这首《十送红军》回荡在耳边，你一定会回想起红军长征的伟大壮举。纵横十余省，长驱二万五千里，红军历经千辛万苦实现战略转移。遵义，是长征路上重要的转折之城。

遵义位于贵州省北部，地处中国西南腹地，是贵州省第二大城市，我国西南地区的重镇。遵义北依大娄山，南临乌江，是由黔入川的咽喉，也是首批国家历史文化名城。

红军长征途中，中国共产党在此召开的"遵义会议"，是中国革命道路上生死攸关的转折点。遵义会议之后的四渡赤水，是红军长征史上以少胜多的光辉战例。这里不仅有红色经典，还有山水传奇、第一酒镇……这次，就让我们走进遵义城，开启"醉美遵义"之旅。

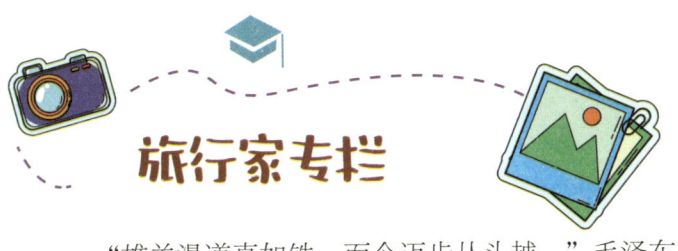

旅行家专栏

　　"雄关漫道真如铁，而今迈步从头越。"毛泽东的《忆秦娥·娄山关》所写的是娄山关大捷。这次战役的胜利，是中央红军长征以来的首次大胜，为顺利占领遵义创造了条件。

第一站：请随我一起游遵义

遵义会议会址—茅台镇

　　遵义会议是中国共产党历史上的一次重要会议，它在极端危急的历史关头，挽救了党，挽救了红军，挽救了中国革命，是党的历史上一个生死攸关的转折点。遵义会议会址位于遵义市老城子尹路96号，建于20世纪30年代初，由主楼和跨院两部分组成。为纪念遵义会议的召开，1955年建成遵义会议纪念馆，会址内的跨院展室长期以原状陈列，向观众开放。

　　参观完遵义会议会址，再去黔北名镇——茅台镇走走。"川盐走贵州，秦商聚茅台。"茅台镇自古以来商业繁荣，文化昌盛，是中国酱酒圣地，集古盐文化和酒文化于一体，被誉为"中国第一酒镇"。

第二站 请随我一起游娄山关

娄山关—桐梓

娄山关位于遵义市的板桥镇、桐梓县之间，是川黔交通要道的重要关口，自古被称为"黔北第一险隘"。娄山关红军战斗遗址现有毛泽东《忆秦娥·娄山关》词手迹石碑、小尖山红军战斗遗址、娄山关红军战斗纪念碑、娄山关红军战斗陈列馆、摩崖石刻、娄山关古碑等遗址和纪念性建筑物，是全国重点文物保护单位、全国青少年爱国主义教育基地。

过了娄山关，可以去桐梓县看看。桐梓县历史悠久，唐朝在此设夜郎县，明朝在此设桐梓县。桐梓的古夜郎漂流景区水质清澈纯净，滩多浪急，水量充足，是消暑纳凉的绝佳胜地。漂流河道宽阔，两边高山耸立，青柏苍翠，气势磅礴。全程漂流用时3小时左右，途中可以体验到惊险刺激的险滩漂流，也可以体验到在平静的潭面上荡舟的乐趣。

第三站：请随我一起走赤水

赤水丹霞旅游区—四渡赤水纪念馆

遵义的红色之旅，一定少不了赤水。赤水的景观以瀑布、竹海、湖泊、森林、桫椤、丹霞地貌为主要特色，兼有古代人文景观和红军长征遗迹，具有"千瀑之市""丹霞之冠""竹子之乡""桫椤王国"等美誉。

佛光岩景区是贵州赤水丹霞国家地质公园的核心，也是我国丹霞地貌面积最大、出露最齐、最具特色的景区。其拥有95%以上的森林覆盖率，丹岩绝壁、奇峰异石、崖廓岩穴数不胜数，佛光岩更是呈现出绮丽的赤红色彩，素有"世界丹霞之冠""世界丹霞第一园"之美誉。

四渡赤水纪念馆，位于遵义市习水县土城镇，占地面积7000多平方米，为黔北民居式建筑风格，主要采用图片、文字、实物相结合的方式进行布展，翔实地再现了红军于遵义会议后，在毛泽东等同志的领导下，四次飞渡赤水河，取得战略转移伟大胜利的光辉历史。

纵横拓展

遵义拥有贵州省首个世界文化遗产——海龙屯土司遗址。海龙屯始建于南宋，毁于明万历年间，是宋、元、明时期西南播州杨氏土司文化的重要遗存，也是黔北这片土地上除了红色文化外，又一个引以为豪的符号。

课文直播间

七律·长征

毛泽东

红军不怕远征难，
万水千山只等闲。
五岭逶迤腾细浪，
乌蒙磅礴走泥丸。
金沙水拍云崖暖，
大渡桥横铁索寒。
更喜岷山千里雪，
三军过后尽开颜。

——选自《七律·长征》人民教育出版社《语文》六年级上册第5课

长征是中国共产党和红军谱写的壮丽史诗。这首《七律·长征》，首联用"不怕""只等闲"表现了红军对战胜"万水千山"的困难必胜的信念。

红军长征的恢宏史卷，被诗人巧妙地分为五组镜头：跨过五岭山脉，越过乌蒙山，巧渡金沙江，飞夺泸定桥，翻过岷山。这是红军长征途中具有转折意义的重要胜利，也最能体现红军不畏艰险的精神。诗人用了极具想象力的夸张手法，用"腾细浪""走泥丸"表示藐视一切艰难险阻的态度，用"铁索寒""云崖暖"表示战胜敌人的智慧与勇气。颔联、颈联既是叙事，又兼抒情，对仗工整，对比强烈，表现了诗人高超的艺术手法。

与普通古体诗"起承转合"的构思不同，尾联既是自然总结，表现三军翻过岷山的喜悦，也是对长征最后胜利的期待与展望。与中间两联所叙述的事件既是平铺的关系，又是与首联的总起呼应的关系。

这首七律写山水是明线，写红军是暗线，通过反衬、对比、夸张、比喻等艺术手法，将长征途中的惊险、曲折、悲壮与伟大巧妙地表现出来，充分展现了红军不怕困难、战无不胜的英雄气概。

惊奇拆盲盒

1.遵义会议纪念馆里唯一一件"活着的文物"你知道是什么吗？

遵义会议会址的主楼旁，有一棵高10余米的大槐树，几乎在所有关于会址的图片、镜头中都可以看到主楼与大槐树相依相伴的身影。它就是遵义会议纪念馆里唯一一件"活着的文物"，也是中国共产党在政治上开始走向成熟的见证者。

2.你知道桐梓有一条全国闻名的"魔鬼路段"吗？

七十二道拐位于遵义市桐梓县新站镇与楚米镇之间的凉风垭山上，改建于20世纪80年代。它在水平距离3千米的范围内，由海拔800米迅速爬升到1450米，全长12千米，共72个回头弯，是全国闻名的"魔鬼路段"。凉风垭口悬崖上建有观景台，在此可以观赏七十二道拐的全貌。

3.你知道中国唯一以"侏罗纪"命名的国家级公园在哪里吗？

2000年10月，国家旅游局批准在赤水桫椤国家级自然保护区内，开设地球爬行动物时代标志植物及其生存环境游览观光园林，并将其命名为"中国侏罗纪公园"。这是世界上唯一的侏罗纪地球史迹自然生态园林，也是中国唯一以"侏罗纪"命名的国家级公园。

包罗万象

你知道吗？遵义市的辣椒产业发展势头迅猛，已成为白酒、茶叶之外的又一支柱产业，使遵义获得"中国辣椒之都"的称号。中国最大的辣椒交易市场是遵义市虾子镇的中国辣椒城。

《旅行日记》

下一站

广西
北海

去哪里：

·老街银滩
·涠洲岛西
·涠洲岛东

吃什么：

·猪脚粉
·老虎鱼汤
·姜葱花蟹
·白灼沙虫

扫码开启旅行

北海览胜
海滨觅景

这次，让我们一起跟随林遐先生，走进广西的北海，去欣赏海滨小城的美丽。

北海是一座美丽而浪漫的城市，具有独特的亚热带滨海风光。冬无严寒，夏无酷暑，四季花长开，终年树常绿，是中国最美的十大海滨城市之一，也是国家历史文化名城。这里气候宜人，海、滩、岛、湖、红树林构成了极富观赏性和休闲娱乐性的滨海风情。

来北海，一定要去涠洲岛。涠洲岛与北海银滩隔海相望，为火山喷发堆凝而成，是我国最大、最年轻的火山岛，具有丰富多彩的海蚀、海积、熔岩地貌。岛上鳄鱼山景区的火山岩、滴水丹屏的海蚀景观、风情各异的海滩、美丽的日出日落，都是涠洲岛的魅力所在。对于美食爱好者来说，美味的海鲜也不容错过。

旅行家专栏

北海市三面环海，以银滩为代表的海岸线风光旖旎。涠洲岛和斜阳岛两大海岛中，尤以涠洲岛最有特色，有"蓬莱岛"之称。北海的最佳游玩时间是每年4月至11月。

第一站：请陪我一起去赶海

海底世界—老街—银滩—红树林

北海海底世界是以展示海洋生物为主，集观赏、旅游、青少年科普教育为一体的大型综合性海洋馆。在这里，可以跟海洋生物近距离接触。

北海老街的历史可以追溯到19世纪中叶。自那时起，一批西洋建筑陆续在北海建成，经过半个多世纪的文化融合，最终形成了我们今天所见到的骑楼老街。在这里，可以感受当地的民俗文化，品尝当地的特色小吃。

北海银滩绵延24千米，滩面平缓宽广，沙质细腻洁白，在阳光的照射下，沙滩会泛出银光，故称"银滩"。在这里，可以驾驶摩托艇乘风破浪，可以在轻柔的波浪中尽情畅游，也可以进行悠闲又轻松的沙滩运动。

金海湾红树林景区与银滩一脉相连。红树林是热带、亚热带海岸潮间带特有的绿色植物群落，素有"海上森林"之称。其幽秘神奇、倚海而生，潮涨而隐、潮退而现，在生态系统中发挥着重要作用。

如果碰巧赶上刚刚退潮，可以带好工具，穿好装备，在当地居民的指导下，体验一次有趣的赶海。

第二站：请陪我一起游滴水丹屏

三婆庙—滴水丹屏—石螺口

三婆庙又称天后宫、妈祖庙，位于涠洲岛南部，始建于清朝。三婆庙坐落在悬崖下，依山傍海，利用海蚀洞作天然屏障，将庙与岩洞巧妙结合在一起，体现了涠洲岛人民的建造智慧。三婆的传说充满神奇色彩，据说她能保佑渔民逢凶化吉，大获丰收。

滴水丹屏原名滴水岩，位于涠洲岛西部，是典型的海蚀地貌。裸露着的岩层五彩斑斓、纹理清晰，崖顶之上藤树缠绕，红花绿叶展现出旖旎多姿的色彩，故称"丹屏"。崖壁上的石缝间常有水珠滴落，犹如珠帘垂挂，故称"滴水"。滴水丹屏的形成堪称中国火山景观的奇迹。这里也是涠洲岛上最适合赏日落的地方。晴天的傍晚，能在这里观赏到令人陶醉的海边晚霞。

石螺口也位于涠洲岛西部，沿海海水清澄如镜。天晴时，海中瑰丽的珊瑚、各色海鱼清晰可见。沿岸的火山岩、海蚀岩造型怪异，使人仿佛身处幻境。这里是涠洲岛上最佳的潜水基地。

第三站：请随我一起去游五彩滩

火山国家地质公园博物馆—五彩滩—贝壳沙滩—蓝桥

涠洲岛火山国家地质公园博物馆通过全息投影技术，将涠洲岛典型的火山地质遗迹、奇特的海蚀地貌直观展现出来。在这里可以欣赏到涠洲岛火山岩、贝类、珊瑚等许多珍贵的标本，还可以通过馆内的火山喷发演示平台，"目睹"一万年前的火山喷发过程。

涠洲岛

火山国家地质公园博物馆

三婆庙

五彩滩

滴水丹屏

五彩滩位于涠洲岛东部，因退潮后的海蚀平台在阳光照射下呈现出五彩斑斓的颜色而得名，是涠洲岛观赏海上日出的绝佳地点。在五彩滩，可以看到海蚀崖、海蚀洞和海蚀平台相结合的地质结构，还可以看到涠洲岛先民就地取材修建房屋而留下的古采石场。

贝壳沙滩是涠洲岛最长的沙滩，起点在涠洲岛的东部，终点在西北部的蓝桥。这里适合游泳、潜水、拾贝壳，东部沙滩可以看到日出，蓝桥码头可以观赏日落。

在蓝桥，你可以看到渔船在起伏的海浪中摇曳，落日的余晖融于潋滟的波光，安静的蓝桥在海面上延伸向远方。

纵横石展

"南珠魂"雕塑是北海的城市标志，位于北部湾广场，由直径30米的喷水池、高15米的巨型人工珠贝和群雕组成。整座雕塑具有浓郁的地方文化特色，表现了大自然与劳动者和谐统一的深刻主题。

课文直播间

我的家乡在广东，是一座海滨小城。人们走到街道尽头，就可以看见浩瀚的大海。天是蓝的，海也是蓝的……

有桉树、椰子树、橄榄树、凤凰树，还有别的许多亚热带树木。初夏，桉树叶子散发出来的香味，飘得满街满院都是。凤凰树开了花，开得那么热闹，小城好像笼罩在一片片红云中……

这座海滨小城真是又美丽又整洁。

——选自《海滨小城》人民教育出版社《语文》三年级上册第19课

名师点拨

这篇描写海滨小城的散文是林遐先生于20世纪中期创作的。从题目可见，文章从海滨和小城两部分展开叙述。

第一部分由远及近地写了海滨风光，先写浩瀚海景，再写海滩景观。这部分景物色彩丰富，五彩斑斓，有蓝色、棕色、银白色、灰色、金黄色、青色……这些丰富多彩的颜色，展示了海滨的美丽。

第二部分写小城美丽的景色。分别从小城的庭院、公园、街道三处景物，突出了小城美丽、整洁的特点。描写庭院、公园、街道的三个自然段，均采用总分结构，每段的第一句为中心句，层次分明。文章的结构如文中的小城一般，层次分明、整洁有序。

小小的城放在大大的海滨背景下，更显美丽、温馨。

惊奇拆盲盒

1. "海滨小城"今在何方？

有一种广为流传的说法认为，"海滨小城"是今天的广西壮族自治区的北海市。你可能会不解，因为文章的第一句提到"我的家乡在广东"。这是因为，北海市曾在1952年划归广西，1955年复归广东管辖，1965年又划归广西，经过调整合并后延续至今。林遐先生创作这篇文章时，北海市很可能依然是广东省的辖区。此外，在未选入课本的片段中，林遐先生提到了渔民在北部湾捕鱼的场景。因此，从地理位置也可以推断出，"海滨小城"很可能就是今天广西的北海市。

2. 你知道北海的特色美食吗？

北海的猪脚粉是南方米粉的代表性美食之一，在当地是非常流行的特色小吃。猪脚粉里的猪蹄为精心挑选的猪前蹄，用十几种香料进行熬制，肥而不腻，入口即化。

北海虾仔饼由虾、糯米、大米等食材制作后油炸而成，成品色泽金黄，吃起来外酥里嫩，淋上酱油等佐料，味道十分可口。

包罗万象

中华白海豚的故乡在广西壮族自治区钦州市的三娘湾。中华白海豚素有"海上大熊猫"之称，刚出生的白海豚呈深灰色，幼年的呈灰色，成年的则呈粉红色。三娘湾海域是它们的重要栖息地。

《旅行日记》

下一站

广东
中山

去哪里：

· 孙中山故居
· 中山影视城
· 云梯山、西山寺
· 阜峰文塔

扫码开启旅行

吃什么：

· 中山脆肉鲩
· 三角沙栏鸡
· 各种腊味
· 石岐乳鸽

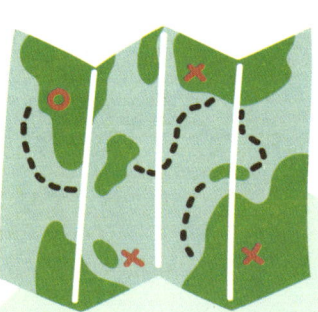

来中山，
寻找伟人的天下情怀

孙文　天下为公

这次，让我们走进广东省中山市，追寻中山先生的足迹，感受一代伟人的天下情怀。

中山旧称香山，因境内五桂山的奇花异卉而得名，1925年为纪念孙中山先生而改名。中山市文化历史悠久，自然风光秀丽。这里的民众镇素有"岭南水乡"在美誉，崖口村被称为中山市的"桃花源"。这里还有曾经直通澳门的岐澳古道，五桂山泉清石奇的逍遥谷，云梯山的"立体花海"，叠翠湾的重峦叠嶂。这里的民间艺术极其丰富，崖口飘色、白口莲山歌、沙溪鹤舞、小榄菊花会等非物质文化遗产，会让你感受到中山市独特的民俗风情。

当然，这里最吸引游人的，是位于中山市南朗镇翠亨村的孙中山故居纪念馆。此外，孙文老街、阜峰塔等地点，都具有深厚的历史文化底蕴和艺术价值。

来中山吧，在中国唯一一座以伟人名字命名的城市里，你一定可以体会到那份伟大的天下情怀。

旅行家专栏

中山市景观多样，旅游资源丰富，气候条件优越，宜居宜养、宜业宜游。这里还拥有优质的沉香资源和深厚的沉香文化底蕴，有"中国沉香之乡"的美誉。此外，中山也是广府粤菜的发祥地之一。

第一站：请随我一起寻伟人足迹

孙中山故居纪念馆—孙文西路—中山影视城

孙中山故居纪念馆外最醒目的，是白色外墙上的四个蓝色大字"天下为公"。孙中山故居是一幢砖木结构、中西结合的两层楼房，并设有一道围墙环绕着庭院。庭院右边有一口水井，左边有一株酸子树，据说是孙中山用从檀香山带回来的种子栽种的。

故居正厅的摆设维持着当年的原貌。右边耳房是孙中山的卧室，仍然摆放着当年所用的大木床、梳妆台等家具。

故居旁边的中山影视城，由中国景区、日本景区、英国景区、美国景区和展览馆区五部分组成，以孙中山先生的革命足迹为线索，浓缩了他在世界各地从事革命活动的纪念性地点。

孙文西路步行街位于石岐老城区，全长500多米，街上商铺鳞次栉比。街区景观保留了昔日的风格，又增添了现代色彩。传统建筑风格与南洋建筑特色融为一体，别具韵味。

第二站：请随我一起体验香山风情

崖口村—云梯山—长江叠翠

崖口村位于南朗镇东南部，南邻珠海市，东临伶仃洋。这里不仅地理位置优越，而且拥有美丽的海景田园风光，是得天独厚的鱼米之乡。在这里，你可以去2千米长的海岸线吹吹海风，观赏海景，还能欣赏秋日金黄的稻田，甚至可以体验劳作的欢乐。

云梯山的花海位于云梯山森林公园西门，这里有黄花风铃木林、松树林、吊钟花林、梯田赏花区、绿色有机采摘场等景区。公园内万棵黄花风铃木逢春绽放，让人仿佛身处世外桃源。登上云梯山主峰远眺，山峦起伏，满目葱茏，壮丽的珠江入海口景观一览无余。

长江叠翠是中山市新十景之一，指的是长江水库游览区。往水库区里望，莽莽群山，重峦叠嶂倒映湖中，就是这里美景"叠翠"风韵之所在。周边坡岭之间还有企人石、宝鸭塘、长龙坑小瀑布、暗龙坑石廊等许多景点可以游玩。

第三站：请随我一起寻历史印迹

西山寺—阜峰文塔—中山市博物馆—中山·中国收音机博物馆

西山寺位于孙文中路240号，始建于明嘉靖年间，原为读书之地，后改建为寺院。寺内建筑精美、古木参天、环境清幽。西山寺香火旺盛，常有信众和游客来此上香礼佛。

阜峰文塔位于市中心的中山公园，为七层八角形楼阁式砖结构塔，始建于明万历年间，已有400多年的历史。塔的一至三层对外开放，沿级而上，便可在塔廊将中山城区的景色尽收眼底。

中山市博物馆的新馆建筑设计简约，其中包含"中山历史陈列""中山华侨历史陈列"和"中国收音机历史陈列"等三个基本陈列。中山市博物馆还下设有中山美术馆、香山商业文化博物馆、中山·中国收音机博物馆。

纵横拓展

醉龙是中山民间特有的一种舞蹈，起源于宋，盛于明清。这是一种融武术、南拳、醉拳、杂耍于一体的民间舞蹈。2008年，醉龙被列入国家级非物质文化遗产名录。

课文直播间

孙中山小时候在私塾读书。那时候上课，先生念，学生跟着念，咿咿呀呀，像唱歌一样。学生读熟了，先生就让他们一个一个地背诵。至于书里的意思，先生从来不讲……

可是，书里说的是什么意思，他一点儿也不懂。孙中山想：这样糊里糊涂地背，有什么用呢？于是，他壮着胆子站起来……

后来，有个同学问孙中山："你向先生提出问题，不怕挨打吗？"

孙中山笑了笑，说："学问学问，不懂就要问。为了弄清楚道理，就是挨打也值得。"

——节选自《不懂就问》人民教育出版社《语文》三年级上册第3课

名师点拨

　　从这篇课文中，我们看到了一个敢于独立思考、敢于质疑的少年孙中山。他为了弄懂书中的意思，不怕先生的惩罚，大胆地向先生提出问题。他"壮着胆子站起来"提问与其他同学"吓呆了"的表现及课堂上"鸦雀无声"的氛围，对比烘托了少年孙中山有胆识、有魄力。严厉的先生"厉声"问话到后来"讲得详细"，从侧面表现了少年孙中山的个人影响力。

　　"学贵知疑，小疑则小进，大疑则大进。"读书就要像少年孙中山一样，"不懂就要问"。俗话说，"立志而圣则圣矣，立志而贤则贤矣。"我们要从小立志，像少年孙中山一样，对学问和人生，都要有一种敢为人先、求真求索的精神。

惊奇拆盲盒

1.你知道中山市名称的由来吗？

　　中山市原来的名字叫"香山"，这也是中山市内五桂山的旧称。有古书记载："县南隔海三百里，地多神仙花卉，故曰：香山。"1925年，为纪念孙中山先生，香山县改名为中山县，1988年成为中山市。

2.你知道"仁山玉宇"是哪里吗?

　　"仁山玉宇"指的是位于中山市城区中心的孙中山纪念堂。纪念堂于1983年落成,外观庄严宏伟、富丽堂皇,总面积3万多平方米。由高空鸟瞰,纪念堂呈一"中"字,从地面平视则呈一"山"字,建筑设计寓意深刻。

　　"仁山"原是石岐的一个小山岗,后来被改建为广场,将纪念堂建于此地,寓孙中山仁心济世之意。而"玉宇"二字,既描绘了纪念堂建筑的雄伟,又体现着孙中山的崇高品质和伟大的革命精神。

3.你知道中山市的特色小吃吗?

　　三乡茶果传统饮食习俗是中山市非物质文化遗产。三乡,位于中山市的南部。每逢重要的岁时节令,三乡人都会制作豆捞、兼糕、角仔、叶仔、白水饺、芋头糕等传统糕点拜祭祖先、馈赠亲朋。据说,当地先民于北宋时期从福建一带移居中山,将闽南地区的咸茶饮食习俗带至此地,同时结合本地的饮食习惯,创制了极具地域特色的三乡茶果。

包罗万象

　　中山装是以孙中山先生命名的一种中式正装,它剪裁利落,穿起来便捷舒适,深受人们的喜爱。中山装的推广与流行,促成了中国传统袍式服装向西方短式服装的转型,也改变了中国人对服装的审美习惯与实用标准,更是自由、平等、博爱等进步思想广泛传播的体现。

《旅行日记》

下一站

海南
西沙群岛

去哪里：

·西沙三岛
·蜈支洲岛
·亚龙湾沙滩

吃什么：

·文昌鸡
·海鲜盛宴
·清补凉
·热带水果

扫码开启旅行

走,向西沙出发

自西汉起，西沙群岛就是我国与马来群岛、中南半岛及印度洋沿岸各国交流的航道要冲，是我国人民开展贸易和生产活动的重要场所。

西沙群岛是我国南海四大群岛之一，主要由永乐群岛和宣德群岛组成的，现在由海南省三沙市管辖。

三沙市于2012年7月24日成立，隶属海南省，管辖范围为西沙群岛、中沙群岛、南沙群岛的岛礁及其海域，是我国最南端的地级行政区，同时也是全国总面积最大、陆地面积最小、人口最少的地级市。

西沙群岛海域宽阔，海岛植物资源繁多，海洋生物资源丰富，海域能源资源蕴藏量巨大。散布于热带海洋之中的岛屿，在自然因素的综合作用下，形成了得天独厚的热带海洋海岛自然景观，海域风光奇丽。

这次旅行就让我们去三沙市，在西沙群岛看云卷云舒，听潮起潮落。

旅行家专栏

西沙群岛像一颗颗珍珠，散落在碧波万顷的南海之上。琳琅满目的造礁珊瑚，将这里铺设成一个多姿多彩的海底花园。同时，西沙群岛也是我国重要的热带渔场，有珊瑚鱼类和大洋性鱼类数百种。

第一站：请随我一起游西沙群岛

三亚凤凰岛—银屿—全富岛

海南省三亚市的凤凰岛是一座人工填岛，四面临海，由一座跨海观光大桥与市区相连，岛上矗立着5栋流线型帆船大厦。凤凰岛拥有得天独厚的海岛旅游风光，具备海上娱乐、水上运动和全季候度假旅游的条件。

乘坐西沙群岛旅游航线邮轮，是前往西沙群岛游览观光的唯一渠道。游客可以在三亚凤凰岛国际邮轮码头，乘坐"长乐公主"号或"南海之梦"号前往西沙群岛。为了减少南海生态体系的负担，保护海岛生态环境，目前仅开放全富岛、银屿岛进行登岛观光活动。

银屿是位于礁盘上的一座微小沙洲，海拔只有两米。小岛一侧覆盖着洁白的沙滩，另一侧则是布满黑色礁石的浅滩。相传，此地有清末沉船，渔民曾在此拾获大量白银，故得名"银屿"。从远处看，银屿周围的海水十分漂亮。靠近岛屿的海域水深较浅，因而是翡翠般的绿色，而靠近深海的海域水深较深，因此是墨玉般的蓝色。

　　全富岛也是一座美丽的岛屿，岛区水产丰富，珊瑚礁区生物种类繁多。全富岛上的海沙细软洁白，四周海水像蓝宝石般晶莹剔透，可凭肉眼看到海底的景象。

　　西沙群岛真正征服我们的，是在碧海蓝天里举行的升旗仪式。五星红旗伴着朝晖冉冉升起，强烈的自豪感油然而生——这里是美丽的祖国，这里是祖国的西沙群岛！

第二站：请随我一起游三亚

　　蜈支洲岛—亚龙湾热带天堂森林公园—天涯海角

　　蜈支洲岛位于海南省三亚市的海棠湾，又名情人岛，从上空俯瞰呈天然的心形，宛如绽放在南海之滨的璀璨之星。蜈支洲岛的植被覆盖率极高，宜人的热带海洋性季风气候，让这里仿佛是世外仙境。

亚龙湾热带天堂森林公园是一座滨海山地生态观光兼度假型的森林公园。景区内树木葱茏、藤萝密布，东、西两个园区犹如伸展的双臂环抱着亚龙湾。站在全海景玻璃栈桥上，能饱览亚龙湾美景。

天涯海角游览区，位于三亚市区西南，背靠马岭山，面向茫茫大海。这里以美丽迷人的热带自然海滨风光、悠久独特的历史文化和浓郁多彩的民族风情驰名海内外，是三亚市的城市名片。

纵横石展

西沙群岛附近海水中悬浮物极少，海水清澈，透明度在15～30米之间，尤以金银岛周围的海水透明度最高。

课文直播间

西沙群岛一带海水五光十色，瑰丽无比：有深蓝的，淡青的，浅绿的，杏黄的。一块块，一条条，相互交错着。因为海底高低不平，有山崖，有峡谷，海水有深有浅，从海面看，色彩就不同了。

海底的岩石上生长着各种各样的珊瑚，有的像绽开的花朵，有的像分枝的鹿角。海参到处都是，在海底懒洋洋地蠕动。大龙虾全身披甲，划过来，划过去，样子挺威武……

西沙群岛也是鸟的天下。岛上有一片片茂密的树林，树林里栖息着各种海鸟。遍地都是鸟蛋。树下堆积着一层厚厚的鸟粪，这是非常宝贵的肥料。

——节选自《富饶的西沙群岛》人民教育出版社《语文》三年级上册第18课

名师点拨

游西沙群岛，你一定能见识到那五光十色、瑰丽无比的海水的魅力。海底是山崖，海水浅，颜色就淡一些；海底是峡谷，海水深，颜色就深一些。海面因此呈现出不同的色彩。

西沙群岛是名副其实的鸟的天堂。而海里的生物，最美的不外乎珊瑚。当然，海底真正的主人，是鱼类。

课文写鱼，先写"鱼成群结队地在珊瑚丛中穿来穿去，好看极了"。总写海底的鱼，"成群结队"写出了鱼的多，"穿来穿去"写出了鱼的灵活，"好看极了"写出了鱼的状态。由"好看极了"，引出具体的细节。一连串的鱼类外形描写，"全身布满彩色的条纹""头上长着一簇红缨""周身像插着好些扇子""眼睛圆溜溜的，身上长满了刺"，紧紧抓住鱼的外形特征，让"好看极了"有了具体的画面，读起来亲切自然。

最后，用"西沙群岛的海里一半是水，一半是鱼"作结语。这段写鱼，就像这篇课文一样，采取"总分总"的写作方法，条理清楚，层次分明，将西沙群岛的优美风景、丰富特产表现得淋漓尽致。

作者写海水颜色变化的原因，写珊瑚美丽的姿态，写岛上的小鸟，都分别采用了不同的写法，详略分明，重点突出。学习这样的围绕中心表达思想的方式，可以提升我们的文章鉴赏与写作的水平。

惊奇拆盲盒

1.黎族的"南杀"是什么？

黎族是主要聚居在海南地区的少数民族。"南杀"是黎族民间的一种腌制酸菜，具有浓郁而独特的气味，是黎族招待上宾的独特菜肴。南杀的做法多样，较为普遍的做法是将野菜洗干净后，放入陶罐，再倒入凉米汤，待其发酵。制作完成的南杀，在黎族人家的餐桌上深受欢迎。

2.排球之乡在哪里？

追溯历史，排球运动在海南省文昌市已经流传近一个世纪。在文昌，几乎所有的村庄、社区、中小学都有排球场，大多数人都能上场比试一番。每逢节假日、喜庆日，排球赛更是必不可少的助兴节目。文昌排球运动的普及率之高，在全国难有城市与之比肩，而一个个全国冠军的荣誉，更是让"排球之乡"名动四方。

3.海南的红色印象有哪些？

追寻红色记忆，铭记峥嵘历史。海南特殊的地理位置与革命历程，成就了独具特色的红色印象。红色娘子军、琼崖纵队、五指山革命根据地、海南岛战役、白沙起义等，为海南留下了许许多多弥足珍贵的红色遗址和文物。

包罗万象　琼州海峡位于雷州半岛和海南岛之间。地质学家推演发现，琼州海峡的断陷大约发生在两百多万年之前。也就是说，海南岛曾经与广东省连在一起，也属于岭南的一部分。

《旅行日记》

下一站

宝岛
台湾

去哪里：

·台北故宫
博物院
·台北观光夜市
·日月潭、
阿里山

吃什么：

·米粉、贡丸
·蚵仔煎、
大肠包小肠
·担仔面、卤肉饭

扫码开启旅行

跨越海峡
探寻祖国宝岛

这一站，我们跨越海峡，探访宝岛明珠——日月潭。

台湾位于祖国东南沿海的大陆架上，隔海峡与福建遥遥相望。台湾四周沧海环绕，岛内山川秀丽，到处是绿色的森林和田野，自古以来就有中国"宝岛"的美誉。台湾岛自然景观很多，阿里山、日月潭、太鲁阁大峡谷、玉山、垦丁、阳明山等都是寻幽访古的旅游胜地。

日月潭群山环绕、碧绿清澈，是宝岛台湾的著名景点。潭面被分为圆日和弯月两种形状，"日月潭"之名由此而来。

今天，就让我们一起去领略日月潭秀美的风光吧！

日月潭是台湾著名的避暑胜地，位于台湾省南投县鱼池乡水社村。游览日月潭，领略景区风光最好的方式就是泛舟游湖。当然，也可以租上一辆单车，在"世界最美自行车道"上骑行，饱览水色山光。

第一站：请随我一起去台湾北部游台北

台北"故宫博物院"—台北孙中山纪念馆—101大楼—观光夜市

从桃园机场着陆，我们可以先游台北。

台北"故宫博物院"，又名中山博物院，位于台北市士林区，是中国三大博物馆之一。博物馆内藏品众多，包括玉器、青铜器、瓷器、书画、文稿、珍宝等几大类，对历史研究具有很高的价值。

台北中山纪念馆位于台北市仁爱路四段。孙中山先生是中国民主革命的伟大先驱，是三民主义的倡导者。纪念馆是为了纪念孙中山先生百年诞辰而建立的，馆内藏品丰富，馆外有中山公园环绕，还有九曲桥、池塘、假山、柳树等景色点缀。

101大楼是台北的标志性建筑，位于台北市信义区金融贸易区中心。大楼集美食、金融、观光、购物于一体，在大楼上欣赏台北夜景最合适不过。

夜晚，可以去观光夜市。说到台北夜市，最著名的莫过于士林夜市。这里是老饕们的天堂，也是台北观光夜市中人气最旺的地方。夜市分为两大部分，地下部分是美食，特色小吃蚵仔煎是一定要尝试的。品尝了美食，可以去地上部分的商业小街散散步、消消食，或许你会有意外的收获。

第二站：请随我一起去中部南投游日月潭

玄光寺—伊达邵—水社

游日月潭需要借助游湖船，环湖泛舟。

日月潭的基本景点主要集中在玄光寺码头附近，登上码头，当地的音乐和舞蹈，会让你感受到台湾的独特风情。

在码头附近的玄光寺，就可以看到日月潭的地标——"日月潭"标志石。月潭在左，日潭在右，在这里可以远观水色，驻足拍照。

从玄光寺沿青龙步道拾级而上，可以到达玄奘寺。这里花木环绕，曲径通幽，十分静谧，更有玄奘大师的顶骨舍利安奉于此。

玄奘寺旁有一条岔路可以上山，直达日月潭景区最高点的青龙山顶，仿照辽宋古塔式样建造的八角宝塔——慈恩塔坐落于此。站在慈恩塔顶，可以俯瞰日月潭的山水，领略秀美潭湖全景。

游完日月潭主景，再从玄光寺码头乘船，到达伊达邵码头。在这里可以参观民俗老街，买点当地人自产自销的茶叶，还可以挑选喜欢的手工艺品当作伴手礼。

最后乘船到水社码头。这里可以看看梅荷园、龙凤宫，还可以向北走，漫步于"世界最美自行车道"。

第三站：请随我一起去南部嘉义登阿里山

不到阿里山，不知台湾岛之美丽。阿里山由18座高山组成，一年四季皆有风景可观。日出、云海、晚霞、森林、高山铁路并称为"阿里山五奇"。

乘坐着复古小火车绕着山路盘旋而上，此时的阿里山就像一幅流动的画。观日出最好的地方是祝山观日楼，你可以搭乘祝山观日火车或自沼平公园观日步道牌楼拾阶而上。因海拔较高，阿里山的晚霞特别绚丽，云海也特别壮观。观赏云海最好的季节是秋天。阿里山拥有非常丰富的森林资源，其中以桧木原始林最为珍贵。

"阿里山的姑娘美如水，阿里山的少年壮如山。"来阿里山，一定要去当地文化部落，体验台湾高山族的风情与文化底蕴。

纵横拓展

"阿里山神木"耸立在阿里山主峰，是一棵高入云天的大桧树。树高52米左右，树围约23米，需十几人才能合抱。相传，它生于周公摄政时代，故被称为"周公桧"，据推算已有3000多年树龄。

日月潭很深，湖水碧绿。湖中央有个美丽的小岛，把湖水分成两半，北边像圆圆的太阳，叫日潭；南边像弯弯的月亮，叫月潭……

要是下起蒙蒙细雨，日月潭好像披上轻纱，周围的景物一片朦胧，就像童话中的仙境。

——节选自《日月潭》人民教育出版社《语文》二年级上册第10课

名师点拨

课文先描写日月潭的地理环境，以光华岛为中心，将潭水分成两部分。日潭月潭，泾渭分明。文章紧扣题目，读来亲切自然，妙趣横生。

课文紧接着选择清晨与中午两个时间段，以时间的顺序介绍日月潭独特的风景。

"清晨，湖面上飘着薄薄的雾"，一个"飘着"，赋予雾动态美，给日月潭蒙上了一层神秘的面纱。"天边的晨星和山上的点点灯光，隐隐约约地倒映在湖水中。""隐隐约约地倒映"，若有似无，或明或昧。天上星光，山上灯光，一时间天上人间，宛如一体，一切景象静谧而美好。

"中午，太阳高照，整个日月潭的美景和周围的建筑，都清晰地展现在眼前。"日月潭揭开那朦胧的面纱，展现出水光山色本来的面貌，作者着墨不多，给读者留下想象的空间。

细雨中的日月潭，"好像披上轻纱，周围的景物一片朦胧，就像童话中的仙境。"

一个"童话"，一个"仙境"，给了我们无尽的遐想空间。欣赏这段文字，就像欣赏一幅水墨画一样，有浓墨的渲染，也有留白的省略，简约但却余韵绵绵，给人以无尽的遐思。

惊奇拆盲盒

1.你知道台湾的特色美食"肉圆"吗?

肉圆是台湾的特色小吃,主要原料有米粉、红薯粉、猪肉等。肉圆外皮多以红薯粉制作,内馅视口味不同而有差异,多为猪肉佐以香菇。肉圆半成品制好后,连同容器放入蒸笼蒸熟,固定外型,油炸后即可食用。

2. 你知道日月潭的传说吗?

相传,日月潭的发现归功于一只神鹿。300多年前,当地的猎户集体出猎,发现一只体型巨大的白鹿,追了三天三夜。第四天,他们越过山林,只见千峰万岭、翠绿森林的重重围拥之中,一潭澄碧的湖水在晴日下闪耀着蓝色的光芒,一半圆如太阳,一半曲如新月,于是他们把湖称为"日月潭"。

包罗万象

被誉为"画中之兰亭"的《富春山居图》,因为"焚画殉葬"而身首两段。前半卷《剩山图》,现藏于浙江省博物馆,后半卷《无用师卷》,现藏于台北故宫博物院。2011年6月,《富春山居图》前后两段在台北"故宫博物院"故宫首度合璧展出。

读万卷书 行万里路

即刻出发 跟着课本去旅行

route3：西南微风来

广西 · 贵州 · 湖南 · 江西 · 四川 · 云南

我们为你准备的 "旅行" 背包 里装有…

城市历史讲解视频
文化名城的前世故事

世界文化遗产名录
不可错过的热门打卡地

线上云游惊奇盲盒
这些冷知识你都知道吗

历史人文海量影单
历史人文爱好者速速收藏

扫码领取
你的专属旅行背包

小学语文

读书|行路|博物|新知

跟着课本

去旅行

佘承智 主编

天津出版传媒集团

天津科学技术出版社

目录

跟着课本去旅行

-启程-

《旅行日记》

下一站

河南
殷墟

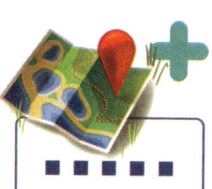

去哪里：

· 殷墟
· 岳飞庙
· 红旗渠
  纪念馆

吃什么：

· 扣碗酥肉
· 粉浆饭
· 八宝布袋鱼
· 皮渣

扫码开启旅行

读最古老的文字
看最古老的城

我国拥有五千年的灿烂文明，四千年前就有了成熟文字——甲骨文。甲骨文因刻在龟甲兽骨上而得名，最早发现于河南省安阳市小屯村。据学者考证，安阳小屯村一带曾是商朝的都城，史称"殷"。待商灭国，殷都成了废墟，故称"殷墟"。甲骨文是商朝晚期用于占卜记事的文字，是中国及东亚目前已知最早的系统性文字。

"殷墟"出土了大量都城建筑遗址，如宫殿宗庙遗址、王陵遗址、妇好墓；还有以甲骨文、青铜器为代表的大量文化遗存，如殷墟车马坑、甲骨文窖穴、青铜器作坊等，全面立体地展现了商朝辉煌灿烂的文明。

走进安阳，不止能看看殷墟遗址，读读甲骨文，我们还可以登上红旗渠，见证20世纪60年代，十万开山者十年筑渠的感人故事，感受红旗渠儿女自力更生、艰苦奋斗、团结协作、无私奉献的红旗渠精神。

解读中华文明的文化密码，领略中华儿女的战斗精神，走进安阳，我们试着读懂我国最古老的文字。

旅行家专栏

走进安阳，首先要去小屯村参观殷墟，去寻找汉字的起源。再去岳飞庙，寻根精忠报国的英雄气概。最后去红旗渠，传承伟大的红旗渠精神。这是我们此次旅行的方向。

殷墟王陵遗址

洹北商城

殷墟宫殿宗庙遗址

华祥路

安阳大道

文昌大道

彰德路

岳飞庙

第一站：请随我一起去游殷墟

殷墟宫殿宗庙遗址—殷墟王陵遗址—洹北商城

殷墟宫殿宗庙遗址发掘出宫殿、宗庙等建筑基址80余座，十分雄伟壮观。据考证，这是商王处理政务和居住的场所，是甲骨文发祥地，同时也是中国考古学的诞生地。殷墟已发现大约15万片甲骨，4500多个单字。这些甲骨文所记载的内容极为丰富，涉及商朝社会生活的诸多方面，不仅包括政治、军事、文化、社会习俗等内容，还记录了天文、历法、医药等古代科学技术。

殷墟王陵遗址位于洹河北岸的侯家庄与武官村北高地，累计发现大墓13座，陪葬墓、祭祀坑与车马坑2000余处，并出土了数量众多、制作精美的青铜器、玉器、石器、陶器等，是学术界公认的殷商王陵所在地。在王陵的东边出土的"后母戊"青铜大方鼎，是迄今为止发现的最重的青铜器。殷墟青铜器代表着中国古代青铜冶铸业的巅峰，而高度发达的青铜文化也使商朝成为世界古代青铜文明的中心之一。

洹北商城，是商朝中期的都城遗址，有人称它为20世纪最重要的考古发现之一。洹北商城遗址的发现，填补了早期商文化和晚期商文化之间的时间缺环，完善了商朝的编年框架。同时在空间上，它也延伸了殷墟的范围。

第二站：请陪我一起去游岳飞庙

精忠坊—山门—正殿—后院

岳飞庙，又名精忠庙，是一处保存较为完整的古建筑群。其建筑精巧而不失肃穆，是全国重点文物保护单位以及爱国主义教育基地。

岳飞庙前的精忠坊是一座卯榫结构的木制牌楼，建造精美，雄伟壮观，历经数百年的震灾水患仍巍然屹立，在力学、美学和建筑学等方面都有很高的研究价值。正殿是岳飞庙的主体建筑，有岳飞的塑像和事迹壁画，生动刻画了岳飞文武兼备的英雄形象及忠孝双全的高贵品质。

岳飞庙里碑刻众多，诗词歌赋文体俱全，真草隶篆行书体皆备，是文学艺术和史学研究的宝库。后院一处御碑亭，曾立有乾隆皇帝路过汤阴，拜谒岳飞时写下的七律《经岳武穆祠》，这块石碑现存于山门的东侧。

第三站：请陪我去游红旗渠

青年洞—红旗渠纪念馆

一渠绕群山，精神动天下。来安阳，一定要去红旗渠看看。

　　20世纪60年代，安阳林县十万开山者，历时十年，绝壁穿石，挖渠千里，从太行山腰修建"引漳入林"工程，开凿出红旗渠这条"人工天河"。红旗渠有"分水苑""青年洞""络丝潭"三个景区，这三个景区各具特色而又相映成趣。尤其是青年洞，是红旗渠水利建筑与自然景观的精妙结合，十分令人震撼。

　　红旗渠纪念馆完整反映了红旗渠的建设历史，是一座研究、展示、传承红旗渠精神的爱国主义教育基地。"自力更生，艰苦创业，团结协作，无私奉献"，带着这样的红旗渠精神走完这次旅行，一定收获满满。

纵横拓展

　　甲骨文是我国殷商时期刻在龟甲兽骨上的文字，它是中国已发现的古代文字中体系较为完整的文字。甲骨文的发现使中国有文字可考的历史向前推进了1000年。

课文直播间

　　甲骨文是刻在龟甲或兽骨上的文字，主要在商周时期使用。它是我们目前所能见到的最早的成熟汉字，单字有四千多个，其中已经认出的有一千多个，主要记录祭祀、战争、狩猎、农事、气象等内容。

　　……

　　1899年，一次偶然的机会，这些龟甲、兽骨上的刻痕，引起了清代国子监主管官员王懿荣的注意。王懿荣平时酷爱收藏古董，精通金石之学。经过仔细研究，他认为这些龙骨上的刻痕是一种比篆书更早的文字。

　　——节选自《综合性学习——我爱你，汉字》人民教育出版社《语文》五年级下册

名师点拨

汉字历史悠久，形象有趣，内涵丰富。

四千多年前，无笔无纸，如果遇到重要的事情需要记录，我们的祖先就用刀等工具在龟甲和兽骨上刻下符号，这些符号大多是从事物形象而来的，我们称之为"象形文字"。甲骨文是中国最古老的文字，从中我们可以一窥殷商当时的文明进程。

随着时间的推移，汉字字形发生了变化，从甲骨文、金文、小篆到隶书、楷书、行书、草书等，汉字逐渐从开始的象形发展到后来的符号，从形象到抽象，从象形到会意、形声，越来越有利于流通和使用。

惊奇拆盲盒

1.你知道仓颉造字的故事吗？

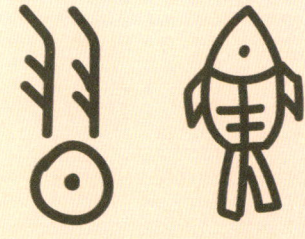

相传，古人最开始"结绳记事"，多有不便。仓颉受山川的样子、鸟兽的足迹、草木的形状等启发，造出许多象形的符号，定下其意义，并把这种符号叫作"字"。

2.你相信霸王扛鼎吗?

霸王扛鼎的典故相信大家都听说过。据说该鼎重千斤,项羽真有如此神力?原来古代的重量单位和我们现在的不同,古时候的1斤约合现在的250克。1000斤,差不多是250千克,跟现在的举重世界纪录相当。看来霸王扛鼎似乎也是可以相信的。

3.你知道中原指哪里吗?

中原,本意为"天下至中的原野",后指黄河中下游地区,狭义上就是今天的河南省。黄河中下游地区是中国建都朝代最多,建都历史最长,古都数量最多的地区,先后有20多个朝代、300多位帝王建都或迁都于此,一直是中国政治、经济、文化和交通中心,自古就有"得中原者得天下"之说,逐鹿中原,方可鼎立天下。

包罗万象

"后母戊"青铜方鼎,曾称"司母戊鼎",1939年出土于安阳市武官村。村民担心国宝被日军掠夺,又将鼎埋入地下。1946年重新挖出,运往南京保存。1959年,调往北京,存于国家博物馆。20世纪70年代,学术界对鼎的铭文提出了新的考释,将"司"改释为"后"。

《旅行日记》

下一站

湖北
武汉

去哪里：

·黄鹤楼
·江汉路
·湖北省
 博物馆
·武汉大学

扫码开启旅行

吃什么：

·热干面
·鸭脖、豆皮
·排骨藕汤
·武昌鱼

相约江城
去寻觅 武汉的味道

相约江城，去寻觅"九省通衢"——武汉的味道。

"江城"是武汉的美称。武汉位于江汉平原东部，长江、汉江交汇处，是历史文化名城、荆楚文化的重要发祥地。唐代大诗人李白"黄鹤楼中吹玉笛，江城五月落梅花"的诗句让江城名满天下。

江城有着厚重的历史文化，黄鹤楼"黄鹤一去不复返"的传说，古琴台"高山流水觅知音"的美谈，还有生生不息的农耕文化，让江城散发着悠扬的古韵。

武汉是中国近代重要的经济中心之一，也是现代化的时尚之都。这里还是辛亥革命号角吹响的地方，是中国革命路上一面鲜红的旗帜。

寻觅江城的味道，那就让我们循着历史的经纬，触摸城市的脉搏，走进武汉，去细细品味一番吧。

旅行家专栏

"天下绝景"黄鹤楼，位于湖北省武汉市蛇山之巅，长江之畔，与湖南的岳阳楼、江西的滕王阁并称为我国"江南三大名楼"，自古享有"天下江山第一楼"的美称。来武汉，自然要登临黄鹤楼，与历代文人墨客对话，吟诗作赋，畅抒胸怀。

知音号

宋庆龄汉口旧居纪念馆

湖北省博物馆

长江

武汉长江大桥

公铁隧道

友谊大道

沿江大道

黄鹤楼

二环线

东湖景区

武汉大学

首诺路

第一站：请随我一起解锁老武昌

黄鹤楼—武汉长江大桥

黄鹤楼始建于三国时期，后经多次毁坏、重建。现在我们所看到的黄鹤楼，是1985年武汉市政府重建的钢筋混凝土框架的仿古楼阁。重建的黄鹤楼，从长江之滨的原址向东退却1000米到了蛇山之上。

黄鹤楼一共有五层，登上黄鹤楼，每个转角看到的风景都不尽相同，既能看到不远处的白云阁，也能俯瞰武昌区的老楼房，而另一边则可以望见长江大桥和龟山电视塔。

从黄鹤楼出来一路往江边走，就来到了武汉长江大桥。

1957年，长江上的第一座大桥建成通车，那就是武汉长江大桥。它也是第一座公铁两用桥，横跨武昌蛇山和汉阳龟山之间。这座大桥的意义非比寻常，它连通了京汉铁路和粤汉铁路，使其成为大家后来熟知的南北大动脉——京广铁路。

第二站：请陪我一起去汉口

江汉路—旧租界区—知音号

让我们前往一半繁华、一半烟火的汉口。19世纪中期至20世纪中期，这里曾有英、德、俄、法、日等国设立的租界。这里完整保留了17处当时遗留的欧式建筑。巴公房子就像上海的武康大楼，是一百多年前武汉最高档的公寓之一。华俄道胜银行，如今是宋庆龄汉口故居纪念馆。曾经的邦可花园和惠罗公司，如今变成了幼儿园和文创谷天使街区。它们安静地坐落在这里，让这片最具摩登气息的街区充满了历史韵味。

《知音号》是长江首部漂移式多维体验剧，演出在一艘与剧同名的轮船上，以在长江上漂移的方式进行。踏上知音号的那一刻，时光穿梭之旅也就开始了。船舱中、甲板上、舞厅里，每一个地方都上演着百年前的乱世浮沉：提皮箱戴礼帽的绅士、身着旗袍的淑女、神色匆忙的学者、穿梭卖报的孩童，每个人都在演绎着自己的爱恨别离……

第三站：请陪我一起逛东湖

湖北省博物馆—武汉大学

如果想真正了解一座城市、一段历史，博物馆无疑是最好的地方。湖北省博物馆拥有中国规模最大的古乐器陈列馆。其镇馆之宝，越王勾践剑、曾侯乙编钟、郧县人头骨化石、元青花四爱图梅瓶等，也是名扬四海。越王勾践剑号称是"天下第一剑"。曾侯乙编钟则代表了中国先秦礼乐文明与青铜器铸造技术的极高成就。郧县人头骨化石的发现，不但证明了中国是早期人类的发祥地之一，还填补了亚洲古人类演化的缺环。青花瓷是中国瓷器的主流品种之一，在世界陶瓷史上占有十分重要的地位。

大学浓缩了一座城市的文化底蕴和历史印记，参观完博物馆自然少不了去看看武汉最著名的大学——武汉大学，感受珞珈山的诗情画意。

行走于武大，你会看到新老图书馆遥相呼应，各具特色，十分壮观。道路两侧的银杏树在秋季美不胜收。万林艺术博物馆是举办各种艺术展的地方，宋卿体育馆也会开展各类讲座。校园内古典风格的建筑大部分被树木遮住，显得很神秘。老斋舍远远望去不知道是什么，其实是博士生宿舍，呈阶梯式分布。

纵横拓展

依江而兴的武汉拥有一张靓丽的城市名片——"世界建桥之都"。1957年，武汉长江大桥建成通车。时隔38年，1995年武汉长江二桥建成通车。截至目前，武汉长江上一共有11座大桥建成通车。

课文直播间

黄鹤楼送孟浩然之广陵

[唐] 李白

故人西辞黄鹤楼，烟花三月下扬州。

孤帆远影碧空尽，唯见长江天际流。

——选自《黄鹤楼送孟浩然之广陵》人民教育出版社

《语文》五年级下册

孤帆远影碧空尽
惟见长江天际流

玉智 书

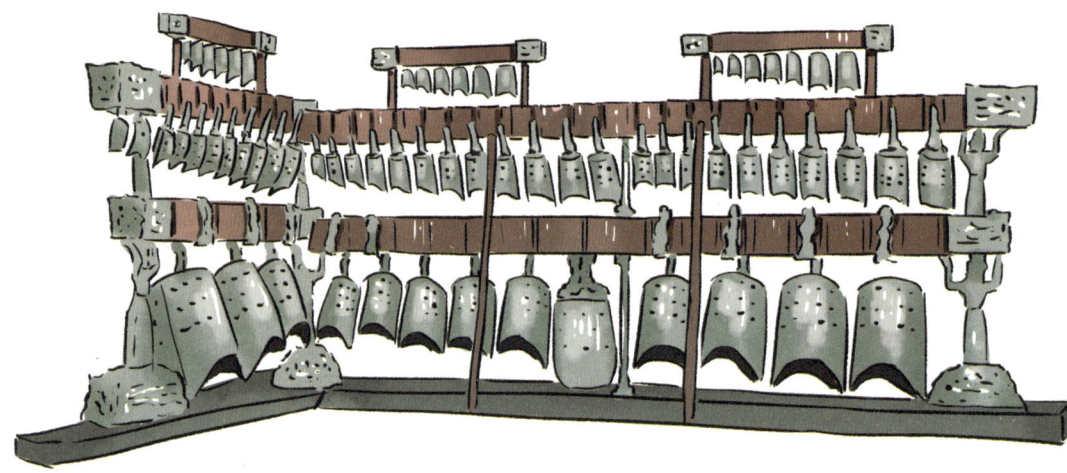

名师点拨

　　李白云游天下时路过湖北襄阳，认识了当时誉满天下的大诗人孟浩然。两人一见如故，相见恨晚，一起游山玩水，饮酒作诗，成为亲密的朋友。"吾爱孟夫子，风流天下闻"，李白毫不掩饰自己对孟浩然的喜爱。

　　相聚总要分别，李白与孟浩然的这一场分别，成就了千古绝唱。

　　"故人西辞黄鹤楼，烟花三月下扬州。"这次离别正是开元盛世，太平又繁荣，季节是烟花三月、春意最浓的时候，从黄鹤楼顺着长江直下扬州，这一路都繁花似锦。

　　天时地利人和，在这样的情境中，诗人自然是心潮起伏。望着渐渐远去的船帆，对故友的情感也随江水追随而去。

　　"孤帆远影碧空尽，唯见长江天际流。"诗人写景，也是叙事。诗人把朋友送上船后，船已经扬帆而去，而他还在江边目送远去的风帆，直到它消失在碧空的尽头。帆影消逝，却仍然翘首凝望那一江春水流向天边，可以得见，李白对朋友的一片深情。

　　这是带着一片向往之情的送别。

惊奇
拆盲盒

1.武汉为什么被称为"大武汉"？

"大武汉"被叫响应该是在20世纪初期，武汉那时已经是全国重要经济中心，武汉的商业规模在当时也是领先的。而且其地理位置非常优越，地处长江中游，是九省通衢，中国的中心。武汉的人口基数大，城市的道路很宽阔，很少见逼仄的道路，建筑物也比较气派，这些要素也强化了"大"的概念，所以武汉被称为"大武汉"也是有一定原因的。

2.武汉人过早吃什么？

在武汉，吃早餐是一种文化，武汉人把吃早餐叫作"过早"，只有早上吃好了，才能开启美好的一天。过早美食推荐：徐氏糯米包油条、汪记鱼汤糊粉、邓记油炸、李记鸡冠饺、双黄牛肉面馆、毛氏汽水包、润发汤包、熊阿姨面窝。

包罗
万象
　　武汉高校众多，是全国重要的科研教育基地，其中普通高校的数量仅次于北京，位居全国第二。其中，武汉大学和华中科技大学堪称湖北省高校的"双子星"，是众多学子的梦想大学。

《旅行日记》

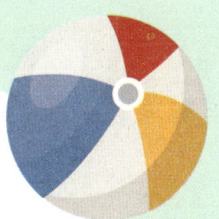

下一站

山东
泰安

去哪里：

· 岱庙
· 孔庙
· 趵突泉
· 大明湖

扫码开启旅行

吃什么：

· 泰山赤鳞鱼
· 泰山三美
· 九转大肠
· 煎饼卷大葱

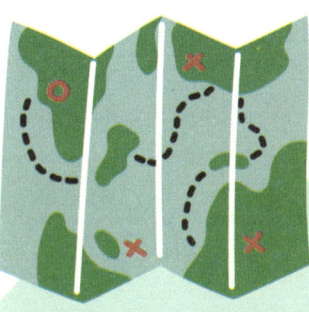

走齐鲁大地 寻山水圣人

这一站我们走进齐鲁，寻觅山水圣人情怀。

齐鲁大地山河壮丽，文明璀璨。孔子在这里诞生，泰山在这里崛起，黄河在这里入海；这里有中国最初的文字、最早的讲坛、最古老的长城；这里的英雄儿女，曾经用热血谱写了中国革命最辉煌的篇章。

来山东旅游，一定要登一山。泰山为五岳之首，有"天下第一山"的美称。历代帝王在此封禅，文人骚客竞相登临，给泰山留下了极为丰富的人文景观。杜甫《望岳》中的名句"会当凌绝顶，一览众山小"更是家喻户晓。

来山东旅游，一定要临一水。趵突泉为济南七十二泉之首，被誉为"天下第一泉"，清代诗人何绍基喻之为"万斛珠玑尽倒飞"。

来山东旅游，一定要拜圣人。曲阜是孔子故里，这里的孔庙、孔林、孔府，能让你感受到儒家文化的博大与厚重。

让我们问道于山水，走进齐鲁大地，成就君子之行。

旅行家专栏

"有朋自远方来，不亦乐乎？"齐鲁大地是个好客的地方，参观游览四季皆宜，尤其以春秋之季最佳。沂蒙山、蓬莱阁、刘公岛、崂山、台儿庄古城、龙口南山、青州古城等都是不错的旅游地。当然，最好的景点还是"一山一水一圣人"。

第一站：请随我一起去泰安登泰山

岱庙—岱顶

泰山为五岳之首，山上的日出、晚霞、云海、石刻、庙宇，时时让你感受到人文与自然的完美融合。登泰山，白天夜晚都可以，时间不同，体验也自不同。有四条路线可以登山：红门、天外村、桃花峪、天烛峰。

参观完岱庙，沿步道石阶登山。万仙楼、斗母宫、四槐树、回马岭、壶天阁等泰山的主要景点都在这条路上，摩崖石刻也多立于此。登上中天门后向岱顶出发，这一路可以看到十八盘、升仙坊、朝阳洞、五大夫松等多个景点。

你知道吗？"五大夫"松不是五个人，或者五棵松，而是秦汉时期的官名。

岱顶景色最美，这里有泰山主峰玉皇顶、日观峰、月观峰、大观峰，仅看峰名，就知道其包含的奇景异色。其中日观峰的"五岳独尊"石刻，霸气十足。

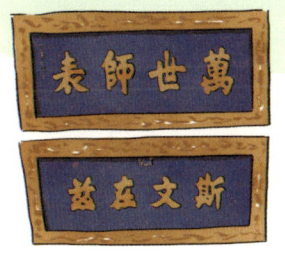

第二站：请随我一起去曲阜寻圣人

孔庙—孔府—孔林

曲阜很小，你甚至可以用脚去丈量这片土地。但这小小的地方，却孕育了深厚的儒家文化。

在曲阜游三孔，先要去孔庙。孔庙的建造格局与故宫相似，坐北朝南，各主门主殿沿中线对称分布。大成殿是孔庙的主殿，它和故宫的太和殿、岱庙的天贶（kuàng）殿，并称中国古代建筑的三大殿。

从大中门到奎文阁，有传说典故的首先是成化碑，那驮碑的神兽叫赑屃（bì xì），是龙的儿子之一；还有是"先师手植桧"，相传那是当年孔子亲手种植的桧树；再就是孔子讲学的"杏坛"，那里还有乾隆皇帝御笔亲书的《杏坛赞》。

来到孔府，门前的对联很有意思。上联"富"字没有点，下联"章"字竖贯通，寓意着富贵没有顶，文章通天下。内宅后花园很漂亮，有假山、水池、戏台、古树，其中最有特色的当数"五柏抱槐"。

孔林比曲阜还大，"洙水桥"与"子贡手植楷"都是有典故的。在孔子墓处，看到的是其子孔鲤之墓，著名的《庭训》，说的就是孔子教子的故事；边上是其孙孔伋的墓，《中庸》就是他所著。

第三站：
请陪我一起去济南观趵突泉

趵突泉—大明湖

趵突泉公园位于济南市中心，南倚千佛山，北靠大明湖，东连泉城广场，是以泉水为主题的特色公园。趵突泉为济南七十二泉之首，儒家典籍《春秋》中就已有关于趵突泉的记载。老舍先生的妙笔生花，又让趵突泉蜚声中外。

趵突泉分三股，昼夜喷涌，澄澈清冽，水最高可达数尺。在趵突泉附近，还有大大小小的三十多处名泉，像金钱泉、漱玉泉、洗钵泉等，构成趵突泉泉群的奇观。来这里看趵突泉，七八月份最佳，因为这时候雨水比较多。有时间的话，你还可以坐船穿过济南老城区西门桥，经过五龙潭公园，进入大明湖景区游玩。

纵横拓展

齐鲁大地，圣人辈出。至圣孔子、亚圣孟子、书圣王羲之、兵圣孙武、科圣墨子、宗圣曾子、智圣诸葛亮、孝圣王祥，皆是齐鲁文化的代表人物。

课文直播间

在泰山上，随处都可以碰到挑山工。他们肩上搭一根光溜溜的扁担，扁担两头的绳子挂着沉甸甸的货物。登山的时候，他们一条胳膊搭在扁担上，另一条胳膊伴随着步子有节奏地一甩一甩，使身体保持平衡。他们走的路线是折尺形的……

奇怪的是挑山工花的时间并不比游人多。你轻快地从他们身边走过，以为把他们远远地甩在后边了。你在什么地方饱览壮丽的山色，或者在道边诵读凿在石壁上的古人的题句，或者在喧闹的溪流边洗脸洗脚，他们就已经不声不响地从你身旁走过，悄悄地走到前头去了……

——节选自《挑山工》人民教育出版社《语文》四年级下册第25课

　　泰山的挑山工随处可见，但作者却能从平凡中发现伟大。作者为挑山工的精神所感动，并从中悟出哲理：无论做什么事，只要朝着一个目标坚持不懈地努力，就一定能获得成功。

　　这一段写作者在山上遇见挑山工，"随处"一词点明挑山工十分普通，并非有超凡体力与能力的超人。接下来四句话，从不同的方面，具体描写了挑山工登山的特点。

　　作者用了比较法，将游人与挑山工的行为和态度进行比较，用游人衬托挑山工的"神"速。游人登山是以"游"与"玩"为主，心情轻松，没有重负，不必着力赶路，所以慢；而挑山工的工作是挑物上山，没有心情去"游玩""观赏"，所以快。这里的"不声不响""悄悄地走到前头"都是在这种不同的心境下的结果。

　　这两段的写实与设疑，为下文的挑山工的对话，道出挑山工话中的哲理，做了很好的铺垫。见其人而未闻其声，却能将人物形象表现得饱满又生动，体现了作者的巧妙文思。

惊奇拆盲盒

1.你知道天然的中国书法博物馆吗？

　　泰山是一座天然的中国书法博物馆，是一道神奇的艺术长廊，汇集了中国2200多年的历史以及16个朝代的碑刻。泰山及周围地区有6000多处石刻，仅泰山就有石刻2000余处、碑刻500余座、摩崖题刻800余处。泰山石刻和曲阜碑林都是我国石刻艺术的瑰宝。

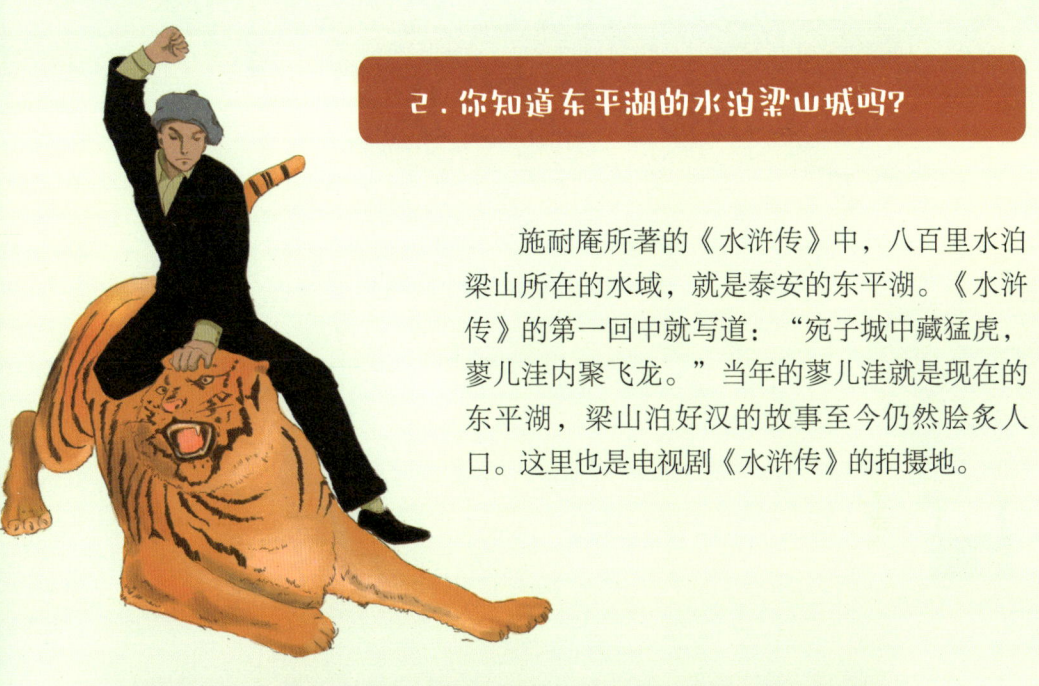

2.你知道东平湖的水泊梁山城吗？

施耐庵所著的《水浒传》中，八百里水泊梁山所在的水域，就是泰安的东平湖。《水浒传》的第一回中就写道："宛子城中藏猛虎，蓼儿洼内聚飞龙。"当年的蓼儿洼就是现在的东平湖，梁山泊好汉的故事至今仍然脍炙人口。这里也是电视剧《水浒传》的拍摄地。

3.你知道具有文化特色的孔府宴和孔府糕点吗？

孔府宴和孔府糕点源远流长、世代相传，是具有地方特色和独特风味的家宴与糕点。当年孔府接待贵宾、袭爵、祭日、生辰、婚丧时特备的高级宴席，经过数百年不断发展充实，吸取了全国各地的烹调技艺，逐渐形成了一种独具风味的家宴。

包罗万象

泰山的盘山道是我国最古老、工程量最大的登山盘道之一，现有12000余级石阶，凝结了劳动人民的智慧和汗水，是泰山文化历史悠久的象征。

《旅行日记》

下一站

安徽
宣城

去哪里：
·敬亭山
·谢朓楼
·桃花潭
·中国宣纸
文化园

吃什么：
·绩溪一品锅
·腌笋鲜
·水阳鸭脚包
·宁国粑粑

扫码开启旅行

孤独敬亭山 深情桃花潭

宣城，素来有中国历史文化名城、中国文房四宝之乡、国家园林城市、国家森林城市、江南通都大邑、江南鱼米之乡等多个美誉。

其境内的敬亭山，山虽不高，有"仙"则名。诗仙李白，李白的偶像谢朓，还有古往今来众多诗词爱好者，都曾慕名登临，吟诗作赋，绘画写记，所作诗、文、词、画不计其数。山下城内的谢朓楼也蕴藏着典故，李白那"抽刀断水水更流，举杯消愁愁更愁。人生在世不称意，明朝散发弄扁舟"所表达的肆意与旷达，即是登斯楼而发。而桃花潭边，更是留下了"桃花潭水深千尺，不及汪伦送我情"的经典诗句。

现在，就让我们一起，登诗山、观深潭，追寻诗人的足迹吧。

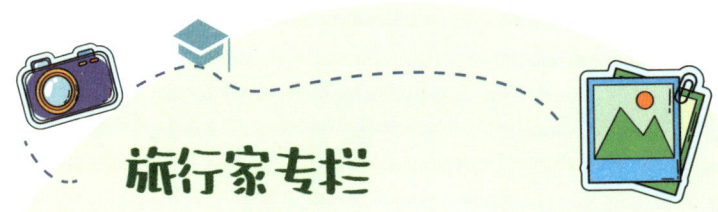

旅行家专栏

敬亭山、谢朓楼、桃花潭，因与诗人李白的故事而备受瞩目。走进一山、一楼、一潭，感受诗仙的风采，体会自然的美好。

第一站：请随我一起登江南诗山

一峰庵因建于敬亭山的主峰"一峰"而得名。明代诗人梅守德作"冬日喜初晴，篱边尚菊英。岩云沉梵影，林霭落钟声"来描绘敬亭山的景色。

拥翠亭乃李白独坐题诗处。此处碧山千层，青翠欲滴，将敬亭风光拥落身前，故名拥翠亭。

广教寺位于敬亭山南麓，始建于唐大中三年（849年），为江南千古名刹，曾与九华山化城寺、黄山翠峰寺、琅琊山琅琊寺合称四大名寺。寺有双塔，始建于北宋，是国宝级古建筑，亦称敬亭双塔。

第二站：请随我一起登文化小楼

谢朓楼位于宣城市区，为南齐著名诗人谢朓任宣城太守时所建。谢朓可是诗仙李白崇拜的偶像，有人说李白"一生低首谢宣城"。李白曾多次来宣城，登此楼凭吊，赋诗抒怀。楼的周围曾建有条风、清署、迎春、观风、双溪、怀谢等亭阁。历代文人名士慕名而来，登楼观赏者络绎不绝，赋诗题咏者难以计数。

第三站：请随我听诗仙故事，观灵秀桃花潭

桃花潭位于安徽省宣城市泾县桃花潭镇境内，距县城约3千米。景区内自然景观和人文景观融为一体，既有清新秀丽、苍峦叠翠的皖南风光，又有保存完整、风格独特的古代建筑。李白曾于此地写下"桃花潭水深千尺，不及汪伦送我情"的千古绝唱。

第四站：请随我一起看看附近景点

　　皖南事变烈士陵园：陵园由入口纪念碑、主题广场、主碑纪念广场和无名英雄烈士墓四处纪念性建筑，以及碑廊、皖南事变陈列馆组成。整座陵园以邓小平题写的"皖南事变死难烈士永垂不朽"纪念主碑为中心。

　　查济古镇：查济位于泾县西南角，是一处保存较完整、规模较大的古村落，有300多间明清建筑，为典型的皖南风格。村落中的石板路、小溪、石板桥等保存完整，另有大型祠堂3座。

　　中国宣纸文化园：位于泾县乌溪，由宣纸古作坊、文房四宝体验园、宣纸陈列室、中国宣纸博物馆、书画长廊、书画家工作室、文房四宝与书画市场、江南民俗园等部分组成。

独坐敬亭山

[唐] 李白

众鸟高飞尽，孤云独去闲。

相看两不厌，只有敬亭山。

——选自《独坐敬亭山》人民教育出版社《语文》

四年级下册语文园地

赠汪伦

[唐] 李白

李白乘舟将欲行，忽闻岸上踏歌声。

桃花潭水深千尺，不及汪伦送我情。

——选自《赠汪伦》人民教育出版社《语文》

一年级下册语文园地

看山不是山，是一种心情。

诗仙李白长期漂泊，心中常常愁绪弥漫。《独坐敬亭山》正是借写独游敬亭山的情趣，而寓意诗人自己生命历程中旷世的孤独感。

飞走的鸟，飘去的云，世间万物似乎都在厌弃诗人。飞鸟、孤云的"动"，衬着诗人独坐的"静"，烘托出诗人心灵的孤独寂寞。

此时，孤寂的诗人与谁相伴呢？诗人笔锋一转，将敬亭山拟人化。于是，孤独的诗人久久地凝望着幽静秀丽的敬亭山，觉得敬亭山似乎也正含情脉脉地看着他自己。诗人在与敬亭山交流，"相看两不厌"表达了诗人与敬亭山之间的深厚感情。诗人乐山乐水，写山的"有情"，衬托人的孤独。

《赠汪伦》是一首道别诗。李白与汪伦离别的时候，两人依依不舍，于是写下了这首诗。"将欲行"和"忽闻"说明这是一次不期而至的送别。人未到而声先闻，那爽朗的歌声，让人感受到扑面而来的热情。于是诗人有感而发，自然流露出对朋友的深情的感动。诗人借桃花潭水，用夸张的手法，抒发离人的情怀，表达自己与汪伦的深情厚谊。王国维曾说："一切景语，皆情语也。"发自内心的语言，便没有任何造作。

1.诗仙李白的偶像是谁呢？

有人说诗仙李白"一生低首谢宣城"，说的便是李白对谢朓的仰慕之情。谢朓的诗多描写自然景物，诗风清新秀丽，对仗工整，对后世影响深远。李白的诗中经常提到谢朓，比如《金陵城西楼月下吟》中的"解道澄江净如练，令人长忆谢玄晖"，以及《秘登宣城谢朓北楼》中的"谁念北楼上，临风怀谢公"等。李白一生屡遭挫折，却不改浪漫洒脱的性格，颇有魏晋名士的风范，这或许和他的偶像谢朓有关。

2.让偶像李白为其写诗的又是谁呢？

　　唐天宝年间，泾县豪士汪伦非常崇拜大诗人李白，于是给李白写了一封信："先生好游乎？此地有十里桃花。先生好饮乎？此地有万家酒店。"李白收到信后，迫不及待赶到桃花潭，但所见并非如所想。汪伦便据实以告之：桃花者，实为潭名；万家者，乃店主姓万。李白听后并没有生气，反而被汪伦的盛情所感动。李白与汪伦游山玩水，饮酒赋诗，流连忘返。临别时，李白题下《赠汪伦》这首千古绝唱。

3.你知道宣纸的由来吗？

　　笔、墨、纸、砚合称为"文房四宝"，其中的"纸"一般指宣纸。宣纸以质地柔韧、洁白平滑、细腻匀整和色泽耐久而著称，是中国特有的毛笔书画用纸。在唐朝，宣州府（今属安徽）把本地出产的上等纸作为贡品进奉给朝廷，宣纸因此得名。

包罗万象

　　历史上，"文房四宝"所指之物屡有变化。南唐时，其指安徽宣州的诸葛笔、徽州的李延圭墨、澄心堂纸、龙尾砚。到了宋朝，其演变为特指宣笔、徽墨、宣纸、歙砚等。

《旅行日记》

安徽
芜
湖

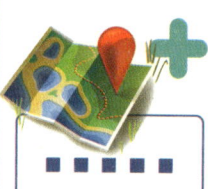

 去哪里：

· 铜佛寺
· 李白墓
· 采石矶

 吃什么：

· 渣肉蒸饭
· 红皮鸭子
· 赤豆酒酿
· 虾子面、牛肉面

扫码开启旅行

威武采石
诗意天门

　　诗仙李白在安徽曾留下一长串足迹，从桃花潭到敬亭山，从九华山到五松山，从天门山到马鞍山，步步留诗，处处留情。今天，我们到芜湖天门山看大江回旋，到当涂拜谒李白墓，到采石矶领略诗仙风度、草圣风采。

　　芜湖位于安徽省东南部，青弋江与长江的交汇处。春秋时期，因"湖沼一片，鸠鸟繁多"而得名"鸠兹"。它是国家历史文化名城，"江南四大米市"之首，被孙中山誉为"长江巨埠、皖中之坚"。在这里，可以饮长江水，听赭麓钟，赏镜湖月。

　　沿长江向北，又一座城市，"九山环一湖，翠螺出大江"。它风景秀丽且历史悠久，伍子胥在这里过昭关一夜白头，项羽在这里四面楚歌不肯过江东，周兴嗣在这里编出启蒙读物《千字文》，王安石在这里写出千古名篇《游褒禅山记》，刘禹锡在这里安贫乐道而作《陋室铭》……这就是"一半是山水，一半是诗歌"的诗城马鞍山。

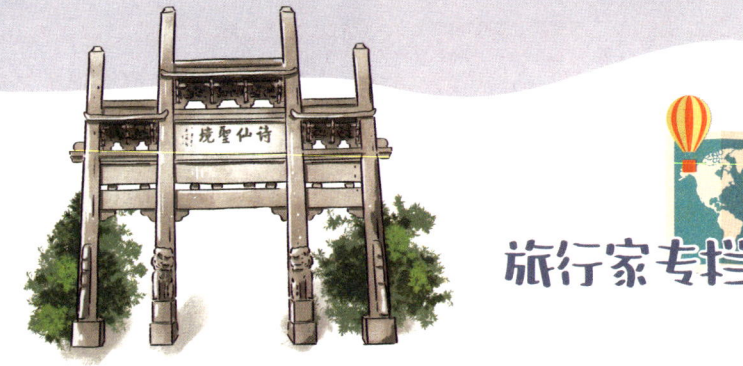

旅行家专栏

　　天门山旅游区位于安徽省芜湖市鸠江区的大桥镇境内，陆路和水路交通十分方便。天门山是诗人李白吟咏《望天门山》之地，风景跨越时空，文化历经岁月长河，世代生生不息。

第一站：请随我一起游天门山

　　天门山是东梁山（古称博望山）和西梁山的合称，两山隔江对峙，如同天然的门户，天门山因此得名。天门山海拔不高，但险峻陡峭，风光秀美，以其独有的山形水势和丰厚的历史文化底蕴吸引着历代文人墨客，更有诗仙李白经此而留下传诵千古的诗篇——《望天门山》。

　　天门山有许多人文景观，其中两处尤为有名：天门书院和铜佛寺。天门书院，始建于1246年，同绩溪桂枝书院、颍州西湖书院、歙县紫阳书院齐名。铜佛寺依山傍水，风景绝佳，历来游客众多。

第二站：请陪我一起拜谒李白墓

李白墓园位于马鞍山市东南20千米处的青山脚下，占地6万余平方米，分前区、中区、后区三部分。前区有全青石牌坊、甬道及两旁十二幅反映李白生平的壁画、太白碑林、眺青阁、青莲湖等景点；中区是太白祠，内有李白汉白玉雕像及宋碑一块；后区有青莲书院、十咏亭、盆景园等景点。走进李白墓园，春看杜鹃、夏赏青莲、秋闻金桂、冬品蜡梅，亭台楼阁、竹林流水，相映成趣，相得益彰。

李白墓呈圆形，用方块青石垒成，完整地保存了唐代名人墓葬形制。太白祠、享堂集中展现了明清宗族祠堂的建筑风格。宋碑详细记载了李白的生平事迹和诗歌成就。太白碑林内立有著名书法家书写的李白各时期经典诗碑106方。1956年，李白墓被列为安徽省重点文物保护单位。

第三站：请陪我一起游采石矶

采石矶位于马鞍山市西南约5千米处，长江东岸，南接芜湖，北连六朝古都南京，峭壁千寻，名胜众多，素有"千古一秀"之美誉，为长江三大名矶之一（其二为南京燕子矶和岳阳城陵矶），因集雄、奇、险、秀于一体而居于"长江三矶"之首。

采石矶扼守长江天险，历来是兵家必争之地。春秋吴楚战于长岸，三国东吴在此设营屯兵，东晋筑城以镇江防要塞，明朝于江口修筑炮台，清朝更是在这里常驻长江水师。厚重的历史痕迹为采石矶又添几分壮美的色彩。

矶：水边突出的岩石 江河当中的石滩

采石矶还是我国早期的佛教圣地之一。山上的广济寺始建于三国时期，自古即是江南名刹。千百年来，晨钟暮鼓，香烟袅袅，佛事频繁，为秀丽的采石矶增添了静谧之美。

景区内有翠螺湾、太白楼、谪仙园、延园、圆梦园。除此之外，采石矶还拥有全国最大的李白纪念馆，以及驰誉江南的三元洞、气势雄伟的三台阁、引人入胜的万竹坞、"当代草圣"林散之艺术馆等景点。

纵横矶展

"矶"，意为江边突出的山岩。长江沿岸，石矶众多，最优者三：城陵矶、采石矶、燕子矶，采石矶常被誉为三矶之首。城陵矶，位于湖南省岳阳市，洞庭湖与长江交汇口，是水运交通咽喉和兵家必争之地。采石矶，位于安徽省马鞍山市，是一座自然景观和人文景观相结合的天然公园。燕子矶，位于江苏省南京市，因形似燕展翅欲飞而得名。

课文直播间

望天门山

［唐］李白

天门中断楚江开，碧水东流至此回。

两岸青山相对出，孤帆一片日边来。

——选自《古诗三首》人民教育出版社

《语文》三年级上册第17课

　　大江东去，碧水奔流，青山屹立，红日白帆，画面壮美绚丽。诗仙妙笔生花：山断江开，水回山出，断、开、流、回、出、来六个动词尽显天门山水雄奇险峻、不可阻遏的气势，给人惊心动魄之感。

　　"天门中断楚江开，碧水东流至此回。"诗人远眺天门，夹江对峙的两山仿佛一个整体，阻挡着汹涌的江流，在楚江怒涛的冲击下而成了"天门"。楚江的一往无前似乎也是诗人内心的表白。第二句写天门山下之江水，山衬水之浩荡，水衬山之奇险，尽显自然之美。

　　"两岸青山相对出，孤帆一片日边来。"行舟江上，回望天门雄姿，"出"字化静为动，尽显舟中诗人的新鲜喜悦之感。"孤帆一片"乘风破浪，豪迈、奔放，红日在天，云霞绚丽，将诗仙自由洒脱、无拘无束的形象表现得淋漓尽致。

　　自然山水的壮美是诗人广阔胸怀的表达，诗人将视野沿着浩荡的长江，引向无限宽广的天地，使人顿觉心胸开阔。

惊奇
拆盲盒

1. 天门山有几处？

鸠兹古镇

　　据不完全统计，我国的"天门山"至少有十二处之多，分布在安徽、湖南、甘肃、河北等地。但最出名的，就要数安徽芜湖的天门山和湖南张家界的天门山了。芜湖的天门山因李白的名篇《望天门山》而名声大噪，张家界的天门山因在绝壁之上洞开如门而享誉世界。每座"天门山"都有自己独特的魅力，都是大自然的鬼斧神工。

2.芜湖真的"荒芜"吗?

芜湖历史悠久,富饶而繁华,可为什么叫"芜湖"呢?芜湖古称"鸠兹",春秋时期因"湖沼一片,鸠鸟繁多"而得名。西汉置县,因"蓄水不深而多生芜藻"得名"芜湖"。

3. 你知道马鞍山名字的由来吗?

叫"马鞍山"的地方很多,大多因为山形似马鞍而得名。马鞍山的市名相传来源于楚汉之争。楚霸王项羽败退至和县乌江,深觉无颜见江东父老,请渔人将坐骑乌骓马渡至对岸,后自刎而亡。乌骓马思念主人,翻滚而亡,马鞍落地化为一山,马鞍山因此而得名。

包罗万象

关于李白之死的三种说法

1.醉死:《旧唐书》记载,李白因喝酒太多而"醉死"于宣城。

2.病死:根据其他正史以及专家学者的考证,李白61岁高龄请缨杀敌,因病中途返回,次年病死于当涂县令、唐代最有名的篆书家李阳冰处。

3.溺死:这是民间流传的说法。李白于夜晚在当涂县的江上喝酒,喝醉了想要捞水中的"月亮",结果因为醉酒不能正常游泳而溺死。

《旅行日记》

安徽
黄山

去哪里：

· 黄山
· 西海大峡谷
· 皖南宏村
· 屯溪老街

扫码开启旅行

吃什么：

· 臭鳜鱼
· 蟹壳黄
· 甜酒

最美的遇见——黄山

"五岳归来不看山，黄山归来不看岳。"今天，让我们一起去知遇"天下第一奇山"——黄山，去领略它的无限风采。

黄山位于安徽省黄山市，古称黟山。据说，信奉道教的唐玄宗因黄帝曾在此炼丹，而将黟山改为"黄山"。

作为天下第一奇山，黄山深受先哲圣贤的喜爱。诗仙李白游历黄山时，写下"黄山四千仞，三十二莲峰。丹崖夹石柱，菡萏金芙蓉"的名句。明代著名地理学家徐霞客一生两次游黄山，也赞叹"登黄山，天下无山，观止矣！"

黄山不仅是一座美丽的自然之山，还是一座丰富的艺术宝库。自古以来，人们游览黄山，建设黄山，歌颂黄山，留下了丰厚的文化遗产。1990年，黄山被列入《世界文化与自然遗产名录》。

接下来，让我们用眼睛与心灵，跟着课本，去开启这次最美的遇见吧！

旅行家专栏

　　黄山的最奇之处，莫过于奇松与怪石。黄山之美始于松：迎客松、送客松、连理松、凤凰松、麒麟松……这些形态各异的山间松树以及由此衍生出的故事，让无数游客对黄山的"松"情有独钟。黄山的怪石同样令人叫绝：飞来石、仙人指路、猴子望太平、松鼠跳天都、梦笔生花、苏武牧羊……这些怪石似人似物，似鸟似兽，妙趣横生。每年的11月到第二年的5月是观赏黄山云海的最佳时间。

第一站：请随我一起登黄山

　　如果你体力够好，可以从前山的慈光阁出发。这条山道沿途风景很多，你可以看到黄山三大主峰：天都峰、莲花峰、光明顶。天都峰，峰体拔地摩天，峰顶有如平掌，是群峰之中最为壮观、奇险的山峰。莲花峰是黄山第一高峰，高耸峻峭，形似新莲初放。光明顶为黄山第二高峰，这里也是黄山看云海、观日出的最佳地点。

黄山

宏村

木坑竹海

西递

状元博物馆

齐云山

屯溪老街

桃花源路

黄山奇松随处可见，最著名的迎客松位于天都峰与莲花峰之间的山路上。其树高约10米，倚石而生、破石而立，一侧树枝向外延展，另一侧树枝则像臂膀背在身后，像是在欢迎远道而来的贵客。

猴子观海位于狮子峰北，形似一石猴独踞峰顶，极目远眺，静观云海起伏。而当云海散去时，猴子又可观望太平县的田园风光，因此这一巧石还被称为"猴子望太平"。

第二站：请随我一起游西海大峡谷

如果你有两天的时间，登上黄山后，第二天可以去游览西海大峡谷。

西海大峡谷，又称"白云谷"，位于黄山风景区西部，是黄山最秀丽深邃的地方。从排云亭到西海大峡谷，可以乘坐有"网红小火车"之称的观光车，沿线风景如画，穿行于山谷间，奇峰、怪石、苍松、云海会以另一种形式，不停地在你的眼前呈现、定格。

第三站：请随我一起去看看皖南古村落

来黄山一趟，一定要去看看西递和宏村的皖南古村落。西递始建于北宋，历史悠久。其整体布局完好地保留了明清时期的古朴风貌，建筑错落有致，砖、木、石雕点缀其间。宏村的人文景观与自然景观相得益彰，是古代少有的经过严谨规划的村落，与西递同为我国徽派建筑艺术的代表。

纵横石展

黄山云海由低云（云底高度低于2000米）和地面雾形成。黄山属于亚热带季风气候，山高谷低，草木茂盛，日照时间短，因而水分不易蒸发，湿度大，易成云致雾。

课文直播间

在一座陡峭的山峰上，有一只"猴子"。它两只胳膊抱着腿，一动不动地蹲在山头，望着翻滚的云海。这就是有趣的"猴子观海"……

黄山的奇石还有很多，如"天狗望月""狮子抢球""仙女弹琴"……那些叫不出名字的奇形怪状的岩石，正等着你去给它们起名字呢！

——节选自《黄山奇石》人民教育出版社《语文》二年级上册第9课

假日里，爸爸带我去黄山，爬天都峰。

我站在天都峰脚下抬头望：啊，峰顶这么高，在云彩上面哩！我爬得上去吗？再看看笔陡的石级，石级边上的铁链，似乎是从天上挂下来的，真叫人发颤！

——节选自《爬天都峰》人民教育出版社《语文》四年级上册第17课

　　《黄山奇石》一文，作者描摹大自然的鬼斧神工，开门见山，直击主题。接着紧紧地围绕着"有趣极了"，向我们逐一介绍仙桃石、猴子观海、仙人指路、金鸡叫天都的奇石趣姿。黄山奇石，似人似鸟，形状各异，从不同的位置，在不同的天气观看，情趣迥异。因此，作者介绍这些奇石的时候，运用想象，用一组组恰当的动词，将奇石的形象描绘得栩栩如生。如仙桃石的飞、落，猴子观海的抱、蹲、望，仙人指路的站、指，金鸡叫天都的伸、对、啼。

　　《爬天都峰》一文是写"我"与老爷爷相互鼓励登山的故事，"我站在天都峰脚下抬头望：啊，峰顶这么高，在云彩上面哩！我爬得上去吗？再看看笔陡的石级，石级边上的铁链，似乎是从天上挂下来的，真叫人发颤！"这段写出了天都峰高、险、陡的特点，灵活地运用比喻与夸张手法，巧妙地将"我"登山前的畏惧、忐忑、疑虑的心情写了出来，为后面的故事发展做好了铺垫。叙事的文章中，常常需要借助环境的描写来衬托心情。这段文字形象生动，恰到好处。

惊奇
拆盲盒

1.你知道徽州名菜臭鳜鱼的故事吗?

　　臭鳜鱼是徽州的传统名菜，别看这菜闻起来臭，吃起来却肉质细腻、醇香入味。关于这道名菜，还流传着一个有趣的故事。

话说有一年，徽州府来了一位新知府。此人尤爱吃新鲜鳜鱼，这可难坏了厨师。因为徽州境内鳜鱼稀少，一般都要从外地肩挑运进，往返一趟就要耗时六七天。正值衙役王小二奉命运送鳜鱼，可惜天公不作美，上路后天气越来越热，不少鳜鱼在桶内被闷死，散发出一股刺鼻的臭味。王小二情急生智，在鱼身上抹上一层食盐来去除臭气。

回到府衙，王小二让厨师精心烹饪了一锅"风味鳜鱼"送到知府的餐桌上，知府顾不了多问，便尝了一口，不禁说道："风味鳜鱼，名不虚传！"臭鳜鱼由此声名远扬，成为一道家喻户晓的名菜。

2.你知道徽雕四绝吗?

徽雕是徽派风格的传统雕刻工艺。其中，砖雕、石雕、木雕、竹雕又被称为"徽雕四绝"。这些雕刻作品多用深浮雕和圆雕，讲究镂空效果，集亭台楼阁、树木山水、花鸟虫鱼于同一画面，错落有致、玲珑剔透、栩栩如生。俯仰四顾，古色古香的徽雕艺术会让你产生无尽的遐想！

包罗万象

2011年3月，国务院将每年5月19日定为"中国旅游日"。400多年前，明朝著名旅行家徐霞客，从浙江宁海县出发，开始了《徐霞客游记》的写作之旅。游记首篇，即《游天台山日记》中写道："癸丑之三月晦，自宁海出西门。云散日朗，人意山光，俱有喜态。"癸丑之三月晦，正是1613年5月19日。

《旅行日记》

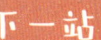
下一站

江苏
苏
州

去哪里：

· 拙政园
· 寒山寺
· 虎丘

吃什么：

· 松鼠鳜鱼
· 碧螺虾仁
· 响油鳝糊
· 腌笃鲜

扫码开启旅行

来吧!
在**江南**的怀里睡一晚

提到苏州，你一定听过这样一句话——"上有天堂，下有苏杭"。具有"人间天堂"美誉的苏州，她的美是一定要去感受一番的。

苏州是一座水上城市，京杭运河贯穿其境，著名的太湖、石湖、阳澄湖、金鸡湖等，像一颗颗晶莹的宝石镶嵌在城市四周。意大利旅行家马可·波罗称其为"东方的威尼斯"。

苏州城已有近2500年的历史，蕴藏着灿烂的文化艺术和众多名胜古迹。"君到姑苏见，人家尽枕河。古宫闲地少，水港小桥多。"苏州因其小桥流水人家的水乡古城特色而闻名，秀丽典雅的苏州园林更是她的一张精致的名片。苏州园林，集中了我国江南园林建筑之精华，"咫尺之内再造乾坤"，享有"江南园林甲天下，苏州园林甲江南"之美誉。

"正是江南好风景，落花时节又逢君。"一定要趁着春天来一次苏州。

旅行家专栏

在春天，吹吹山塘街的晚风，走走平江路，看看东方之门，品品苏州评弹，逛逛园林，听听寒山寺的古钟，参观传统和现代相结合的苏州博物馆，感受一下姑苏的春意盎然。来苏州旅游，最好是在3月—5月。

第一站：请随我一起游苏州园林

苏州博物馆—拙政园—狮子林—平江路

苏州博物馆新馆，是国内唯一一座由世界著名建筑大师贝聿铭亲自设计的博物馆，位于苏州东北街和齐门路相汇处，加上修葺一新的太平天国忠王府，总占地面积约21000平方米。美到心醉的苏州博物馆不需要任何滤镜，贝聿铭大师巧妙地使光影变换与吴地风雅相契合，主庭园的造景"以壁为纸，以石为绘"，宛如墨色未干的丹青山水画。

从苏州博物馆出来后可以去"中国四大名园"之一的拙政园。拙政园全园山水萦绕，庭院错落，东花园、中花园、西花园依照地势，自然串联，水景贯穿全园。拙政园内竹篱、茅亭、草堂与自然山水融为一体，景致简朴清新，使得园林山野之趣盎然。其独特的建筑美学与艺术魅力征服了无数游客。

距离拙政园不到200米就是狮子林。狮子林园区虽小，但以假山众多、形状怪异著名，其拥有国内现存最大的古代假山群，因此被誉为"假山王国"。狮子林建成已经600多年了，岁月的痕迹在这里清晰可见。

都说"一条平江路，半部姑苏史。"傍晚时分，去苏州的历史老街——平江路走走，这里的拱桥、木屋、手摇船，可以让你充分感受到江南水乡的意韵；吴侬软语、婉转悠扬的评弹，也是老苏州慢生活的最佳写照。

第二站：请随我一起游寒山寺

寒山寺—留园—虎丘—七里山塘

"姑苏城外寒山寺，夜半钟声到客船。"寒山寺始建于南朝梁代，因唐代诗僧寒山曾在此居住而得名。寒山寺既是寺庙，也是园林，其建筑格局承袭唐风，又有一点姑苏城自己的韵味。寺内古迹甚多，有张继《枫桥夜泊》诗碑，寒山、拾得二僧的石刻像，文征明、唐寅所书碑文残片等，其中最有名的，当属那对江枫古桥。

留园与其他园林不同，它建在城门之外，是隐居的好去处。留园的设计极为精巧，和拙政园相比，留园更婉约，它是山水、田园、山林、庭园的完美融合，用曲径通幽、移步换景来形容留园最恰当不过。

虎丘被誉为"吴中第一名胜"，是千年苏州的历史见证。虎丘的历史可以追溯到2500多年前，传闻吴王阖闾在这里试用了镇铘剑，留下了试剑石。剑池是虎丘的重要景观，相传阖闾下葬时随葬宝剑三千把，故名"剑池"。拾级而上，登顶后就能看到中国的"比萨斜塔"——虎丘塔，其外观极为震撼，斜而不倒，屹立千年，素有"先见虎丘塔，后见苏州城"之说。

从虎丘南门出发可乘船浏览七里山塘。山塘街曾是明清时期的"一二等富贵风流之地"，如今是老苏州生活的缩影，更是展示悠远吴韵的文化窗口。让我们坐着画舫，听着水声潺潺，将一幕幕的江南美景尽收眼底。

纵横拓展

苏州古典园林占地面积小，艺术手法变换无穷、不拘一格，以中国山水花鸟的情趣，寓唐诗宋词的意境，以景取胜，景因园异，给人以小中见大的艺术效果。其中拙政园、留园、网师园、环秀山庄、沧浪亭、狮子林、耦园、艺圃和退思园都被列为世界文化遗产。

枫桥夜泊

[唐]张继

月落乌啼霜满天，江枫渔火对愁眠。

姑苏城外寒山寺，夜半钟声到客船。

——选自《古诗三首》人民教育出版社《语文》五年级上册第21课

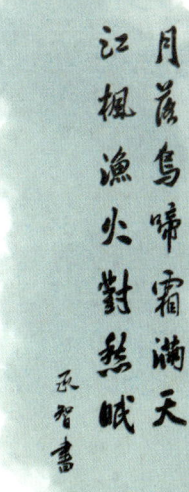

《枫桥夜泊》整首诗带给我们的感受、感觉和情绪，如果用一个字去形容，应该是"愁"。

这个晚上，诗人张继辗转难眠，看到了"月落"，听到了"乌啼"，甚至感觉到"霜满天"，上弦月升起得早，到"月落"时大约天将晓，树上的栖鸟也在黎明时分发出啼鸣，秋天的夜晚透着浸肌砭骨的寒意，从四面八方围向诗人夜泊的小船，使他察觉到身外茫茫夜空中正弥漫着满天霜华。

月亮低沉，乌啼声声，江枫瑟瑟，渔火点点，诗人一夜未眠。"对愁"正是此刻诗人所处的环境，究竟是"月落"与"乌啼"的对愁？还是"江枫"与"霜天"的对愁？又或是"诗人"与"渔火"的对愁？这一夜的"愁绪"，随着寒山寺的钟声，一声声敲响在客船上，敲响在诗人的心中。

这是从诗人心底自然流淌出来的语言。诗人借助特定景物抒发愁绪，把愁绪托付给了夜半的钟声。从此，在中国诗人的作品中，又多了一种寄托愁思的意象。

惊奇拆盲盒

1.你知道苏州有哪些美食吗？

苏州菜口味趋甜，清雅多姿，历史悠久，至今已有苏式菜肴、苏式卤菜、苏式面点、苏式糕点、苏式糖果、苏式蜜饯、苏州小吃、苏州糕团等分类。碧螺虾仁、松鼠鳜鱼、太湖三白作为苏州美食代表闻名遐迩。

2.你知道关于吴王阖闾的奇闻吗?

　　根据方志记载,吴王阖闾的墓葬位于虎丘山下的剑池水中。相传,阖闾在于越国的交战中因伤而亡,其子夫差为营造阖闾墓,征调十万劳力以大象运土石,又因阖闾生前爱剑,故以三千把宝剑随葬。据说,秦始皇和孙权都曾派人来此凿石求剑,凿出深池却一无所获。

3.苏州的宋锦是什么?

　　苏州出产的宋锦与南京的云锦、四川的蜀锦并称为"中国三大名锦",是宋朝发展起来的丝制品。宋锦的实用性很强,它质地柔软、图案精美、结实耐磨,可以反复洗涤,适用范围广泛,是中国丝绸传统技艺的杰出代表,具有很高的文化价值。2006年,宋锦织造技术被列为国家级非物质文化遗产。

包罗万象

　　昆曲被誉为"百戏之祖",起源于苏州的昆山、太仓一带。昆曲的唱腔缠绵婉转,像古代水磨漆器、水磨糯米粉一样细腻软糯,因此还有个有趣的名字叫"水磨腔"。昆曲中的许多剧本,如《牡丹亭》《长生殿》《桃花扇》等,都是古典戏曲文学中的不朽之作。

《旅行日记》

下一站

浙江
杭州

去哪里:

· 断桥
· 三潭印月
· 雷峰塔
· 净慈寺

吃什么:

· 龙井虾仁
· 西湖醋鱼
· 宋嫂鱼羹

扫码开启旅行

出发，跟着诗词游西湖

你见过"接天莲叶无穷碧"，或是"山色空蒙雨亦奇"的美丽景象吗？这一次，让我们走进"淡妆浓抹总相宜"的杭州西湖去看看吧！

西湖三面环山，湖心有三岛，群山以西湖为中心。由近及远可见其海拔高度从50至400米依次抬升，形成"重重叠叠山"的奇特景观。

西湖景色四季分明、晴雨有别、早晚有异，正如历代文人墨客借此抒发的万千感慨。北宋柳永赞其"重湖叠巘清嘉，有三秋桂子，十里荷花"，而南宋林升则借其讽喻"暖风熏得游人醉，直把杭州作汴州"。来西湖，你不必执着于走遍每一处景点，不妨放慢脚步，跟着诗词细细领略西湖的自然美景与文化内涵。

旅行家专栏

俗话说，"上有天堂，下有苏杭。"杭州西湖有100多处景点，有"西湖十景""新西湖十景""三评西湖十景"之说，更有60多处国家级和省、市级重点文物保护单位以及20多座博物馆。

西湖以其秀丽的景色吸引了无数中外游客，历代文人雅士不绝的赞誉，更让西湖成为中国古典文化的一种符号。

第一站：请随我一起游西湖——观湖景，闻荷香

断桥—白堤—平湖秋月—曲院风荷

"西湖美景三月天，春雨如酒柳如烟。"熟悉的旋律一响起，大家一定会想起白娘子与许仙（也作"许宣"）的民间传说故事。在北里湖和外西湖的分界上有一座桥，他们二人正是相会于此，那就是"断桥"。

据说"断桥"一名的由来有两种说法：一说孤山之路到此而断；一说段家桥简称"段桥"，谐音为"断桥"。桥边有碑亭，内立"断桥残雪"石碑。

"最爱湖东行不足，绿杨阴里白沙堤。"走过断桥，就来到了白居易诗中的白堤。长堤两侧密植垂柳，风起之时，柔软的柳枝便在湖风中婆娑起舞。

无风时，西湖水平如镜，再有皓月当空，月光与湖水交相辉映，可谓是"一色湖光万顷秋"，这便是"平湖秋月"。

想要赏荷，首选"曲院风荷"。南宋时，此处有御酒酿造坊，所产美酒远近闻名。每当夏日风起，荷叶绿波翻涌，各色荷花迎风招展，酒香荷香沁人心脾。

第二站：请随我一起游西湖——晨间漫步，晚间赏月

苏堤春晓—三潭印月—花港观鱼

北宋著名“杭州市市长”苏轼最辉煌的政绩，就是疏浚西湖。他发现西湖的面积在逐渐缩小，湖内淤泥堆积，湖面水草丛生，于是挖出淤泥筑成长堤。“堤成，植芙蓉杨柳其上，望之如图画。”后人为纪念苏轼，将此堤叫作“苏堤”，这便有了“苏堤春晓”。

三潭印月，湖中有岛，岛中有湖，园中有园，曲回多变，在“西湖十景”中占据极其重要的地位，是我国标志性的风景名胜。人民币1元纸币的背面就是此景。

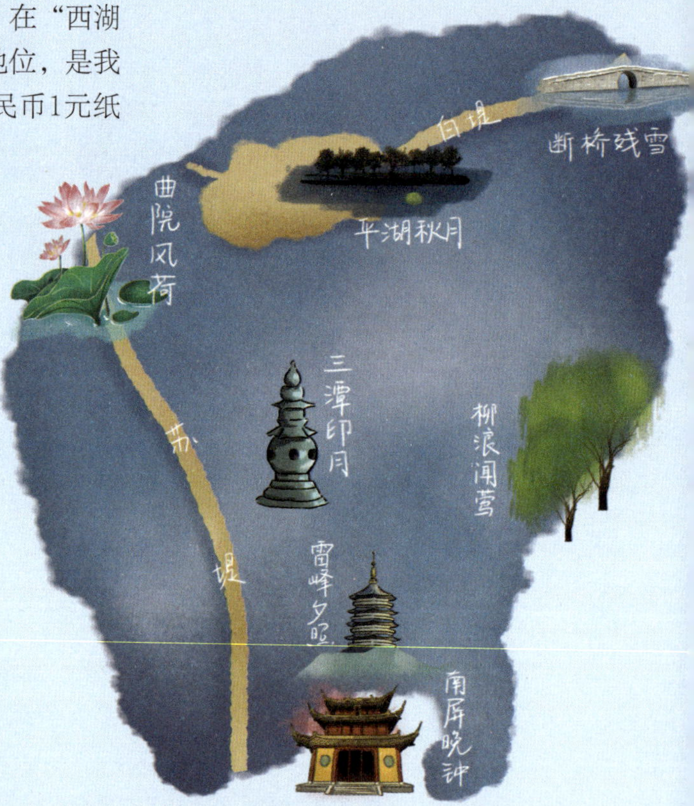
白堤
断桥残雪
曲院风荷
平湖秋月
三潭印月
柳浪闻莺
苏堤
雷峰夕照
南屏晚钟

“花港观鱼”是花、港、鱼三者精妙结合的一景，其中最出名的要数红鱼池中成群结队的红鲤鱼。池岸蜿蜒曲折，池边绿柳成荫，池上曲桥迂回，倚桥栏俯看，数千尾红鱼结队往来。

第三站：请随我一起游西湖——夕阳斜照听佛音

柳浪闻莺—雷峰塔—南屏晚钟

柳浪闻莺曾是南宋皇帝的御花园，以青翠柳色和婉转莺鸣为景观的基调，沿湖长达千米的堤岸上栽种着特色柳树。阳春三月，绿柳迎风飘舞，宛若翠浪翻空，其间黄莺竞相啼鸣。如今，这里是群众喜爱的文化活动场所，也是欣赏西湖水色的观景佳地。

夕阳西下，瞭望西湖湖南，可见晚霞下的雷峰塔巍然矗立，十分壮观，康熙御题之为"雷峰夕照"。南屏山下的净慈寺与雷峰夕照隔路相对，寺内晚钟敲响，洪亮的钟声在南屏山空穴处穿梭回荡，传遍山谷。塔影与钟声组成了西湖十景中最迷人的晚景。

纵横拓展

西湖原本是一个咸水湖，泥沙淤积，舟行困难，历史上曾多次进行人工疏淤，逐渐变为淡水湖。白居易任杭州刺史时也曾修筑堤坝、蓄积湖水，以便农业灌溉。北宋年间，苏轼两次为官杭州，开凿了从西湖通往钱塘江与运河的河道，修建河闸，让海潮带来的泥沙不至于淤塞。

六月二十七日望湖楼醉书

[宋] 苏轼

黑云翻墨未遮山，白雨跳珠乱入船。
卷地风来忽吹散，望湖楼下水如天。

——选自《古诗三首》人民教育出版社

《语文》六年级上册第3课

饮湖上初晴后雨

[宋] 苏轼

水光潋滟晴方好，山色空蒙雨亦奇。

欲把西湖比西子，淡妆浓抹总相宜。

——选自《古诗三首》人民教育出版社《语文》三年级上册第17课

晓出净慈寺送林子方

[宋] 杨万里

毕竟西湖六月中，风光不与四时同。

接天莲叶无穷碧，映日荷花别样红。

——选自《古诗二首》人民教育出版社《语文》二年级下册第15课

名师点拨

在苏轼的眼中，西湖的雨，像泼墨的写意山水画。

西湖的阵雨势头猛，来得快，去得也快。写其势，诗人用"翻墨"写"云翻"，以小见大；用"跳珠"写"雨泻"，以奇见微；用"卷地"写"风来"，以实见虚。写其快，"乱入船"来得猛，"忽吹散"去得急，"水如天"晴得快。从"云翻"而来，到"雨泻"而下，再到"风卷"而散，而后归于"天晴"，诗人从上下、近远、动静、视听等不同的视角，沉醉于雨中的西湖。

次年，诗人再游西湖，晴后逢雨。诗人由衷地发出感叹："水光潋滟晴方好，山色空蒙雨亦奇。"晴天的西湖与雨中的西湖，在诗人的眼中，都是别样的风情。首句对仗巧妙，句式严整，描写细腻。一个"好"，一个"奇"，涵盖了一切。"欲把西湖比西子，淡妆浓抹总相宜。"诗人眼中的西湖美得醉人。

不过，在南宋诗人杨万里的眼中，西湖的美是碧荷红莲。

"接天莲叶无穷碧，映日荷花别样红。"诗人用莲叶与荷花相互映衬，用红日与红花相互渲染，向我们绘制了一幅绚烂生动的画卷。诗人对荷花的眷念，也是诗人对友人的不舍。

惊奇
拆盲盒

1.你知道西湖的名茶吗?

　　爱茶人士不会不知道有名的西湖龙井茶。西湖龙井茶因其产于西湖区的龙井村一带而得名。龙井茶因采摘时间的不同而有所区分,清明节之前采摘的叫作"明前茶",谷雨前采摘的叫作"雨前茶"。西湖龙井茶以其色绿、香郁、味甘、形美的特点而广受茶客的喜爱。

2.你知道南屏晚钟为何经久不息吗?

　　据说,南屏晚钟的声音能持续120秒。那是因为南屏山一带山体多孔穴,岩壁立若屏风,每当净慈寺晚钟敲响,声波传到山壁、洞穴后便会反射回来,产生回声。同时,西湖水面开阔,更有利于声音的传播。就这样,钟声在天地间交响混合,共振齐鸣,悠远清扬,经久不息。

包罗万象

　　白娘子与许仙最早的成型故事记载于冯梦龙的《白娘子永镇雷峰塔》。后人据此创作了各种小说、戏剧、舞蹈、电影和电视剧等作品。该传说还传播到了海外。1958年,日本第一部彩色长篇动画电影《白蛇传》,就是根据这个故事改编的。

《旅行日记》

下 一 站

浙江

绍兴

去哪里：

·鲁迅故里

·沈园

·东湖

·鲁镇

吃什么：

·醉蟹、酱鸭

·茴香豆

·鸭嘴鱼

·奶油小攀

扫码开启旅行

撑起乌篷船 徜徉于江南水乡

你一定早已读过鲁迅先生的文章。鲁迅是20世纪我国著名的文学家，是新文化运动的重要参与者，更是中国现代文学的奠基人。今天，我们撑着乌篷船来到"百草园"，寻找鲁迅先生童年妙趣生活的痕迹；再走进"三味书屋"，细赏古色古香的私塾建筑，感悟"方正、质朴"的治学精神。

鲁迅生长于浙江绍兴。有着约2500年建城史的绍兴，是一座极具江南水乡特色的文化和生态旅游城市，是国家首批历史文化名城，也是著名的桥乡、酒乡、书法之乡。

绍兴的旅游景点很多，浓郁的水乡风貌中坐落着保存完好的清末建筑，还有鲁迅故里、周恩来祖居等名人故居，以及兰亭、大禹陵、书圣故里等文化古迹。

在关于绍兴的故事里，既有陆游和唐婉的缠绵悱恻，又有鲁迅和秋瑾的文人傲骨。绍兴文化之旅，一定会让你流连忘返，不虚此行。

旅行家专栏

古越州，今绍兴。从吴越往事到文物之邦，绍兴是一本翻开的历史书，也是一座没有围墙的博物馆。绍兴的质朴与自然，可以让来到这里的游客在烟火气息里放松心情，而绍兴的外柔内刚，又能让你见识一番别样的城市风韵。

第一站：撑起乌篷船，荡进烟雨水乡

鲁迅故里—八字桥—沈园

位于浙江省绍兴市鲁迅中路的鲁迅故里，是绍兴市区内完整保存了水乡古城传统风貌的历史文化街区。来到鲁迅祖居，你可以欣赏古色古香的粉墙黛瓦建筑；走进三味书屋，你的眼前仿佛浮现一群小孩子摇头晃脑地诵读古文的画面；再到百草园，想象那难忘又美好的童年时光：在矮矮的泥墙根捉蟋蟀、拔何首乌，夏天在园内纳凉，冬日在雪地里捕鸟雀……

想要感受古时江南水乡的烟火气息，就得来看看被称为"古代立交桥"的八字桥。八字桥的位置与布局，充分反映了南宋该地区人口稠密、经济繁荣的社会发展状况。其结构简洁、建筑稳固的特点，也体现了南宋时期绍兴地区建桥技术的成熟。

夜幕降临，撑着乌篷船来到沈园，映入眼帘的是极具江南韵味的园林夜色。园内的亭台楼阁、小桥流水都装点着清雅古典的灯光，更有演绎陆游和唐婉爱情故事的《钗头凤》供游人观看。夜游沈园，令人耳目皆悦。

第二站：踏上青石板，欣赏美丽风光

仓桥直街—书圣故里—东湖

仓桥直街由河道、民居、街坊三部分组成，集中反映了绍兴的传统建筑特色与民情风俗，是品味绍兴旧时风韵的首选。离开熙熙攘攘的城市，你可以在这里充分感受到当地居民不紧不慢的生活节奏，更有传统餐馆、越艺馆、黄酒馆、戏剧馆与书画馆等你去探索。

书圣故里景区的王羲之陈列馆，是最能让人了解书圣生平与成就的地方。馆内的《王羲之教子习字图》，描绘了王羲之到绍兴戟山老街定居后，教导小儿子王献之练习书法的生动画面。你还能在"书法互动区"大显身手，感受书法创作的乐趣。

还记得《西游记》中女儿国的子母河吗？它的取景地就在绍兴东湖。东湖的山水精致小巧，两岸是采石留下的峭壁，好似"山水盆景"。乘一只乌篷船游湖，不必拘束地坐着，伸手就可触摸低矮的岩洞和石拱桥，趣味盎然。登山远眺，水乡风光尽收眼底。

第三站：泛舟鉴湖，品酒看社戏

柯岩—鉴湖—鲁镇

来到柯岩，随处可见的石宕、石洞、石潭、石壁等奇观让游客应接不暇。历经三代石工凿就的"天工大佛"令人叹为观止。奇石"云骨"独立于天地，宛如一支笔，撰写着绍兴的千年历史。

鉴湖历史悠久，水质极佳，据说驰名中外的绍兴酒，就是用鉴湖水酿造的。你能在这里感受到浓郁的绍兴黄酒文化。

夜宿鲁镇，在青砖、粉墙、黛瓦的怀抱中看一场社戏演出，让你仿佛穿越时空，来到鲁迅的少年时代，体会他与农家朋友的诚挚情谊。

虽说江南处处是水乡，但绍兴发达的水路网络仍让人觉得不可思议。在绍兴安昌镇，没有出租车，只有出租船。这里还有传统的水上婚礼，喜船船队在水巷中穿行，锣鼓声震耳欲聋，好不热闹。

有的人活着，
他已经死了；
有的人死了，
他还活着。

有的人
骑在人民头上："啊，我多伟大！"
有的人
俯下身子给人民当牛马。
……

把名字刻入石头的
名字比尸首烂得更早；
只要春风吹到的地方
到处是青青的野草。
他活着别人就不能活的人，
他的下场可以看到；
他活着为了多数人更好地活的人，
群众把他抬举得很高，很高。

——节选自《有的人——纪念鲁迅有感》人民教育出版社

《语文》六年级上册第28课

"有的人活着，他已经死了；有的人死了，他还活着。"诗人通过对比的手法，写出两种人不同的生与死的状态：一种人虽生犹死，一种人虽死犹生。前一种人骑在人民头上作威作福，他虽然活着，但活得毫无价值；后一种人甘愿做人民的牛马，全心全意为人民服务，他即使死了，他的思想、精神也永远活在人们的心里。

一个"骑"字，深刻揭露了反动统治者骄横的形象、凶暴的本质。"啊，我多伟大！"刻画了反动统治者外强中干、自我吹嘘的丑态，对反动派进行了有力的讽刺；对于鲁迅先生，作者则用"俯下身子给人民当牛马"，生动地刻画了鲁迅崇高而感人的形象。

"有的人情愿作野草，等着地下的火烧"比喻鲁迅愿把自己的一切贡献给革命事业。鲁迅有一本散文诗集叫《野草》，他在《野草题辞》里说："我自爱我的野草，但我憎恶这以野草作装饰的地面。地火在地下运行，奔突；熔岩一旦喷出，将烧尽一切野草，以及乔木，于是并且无可朽腐。"

作者用爱憎分明的笔触，刻画了一位平凡而又伟大的民主战士。

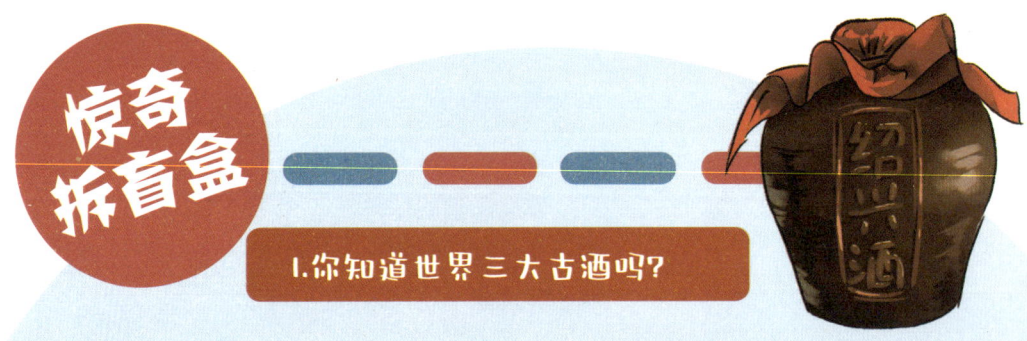

惊奇拆盲盒

1.你知道世界三大古酒吗？

黄酒是一种古老的酒类，与啤酒、葡萄酒并称为"世界三大古酒"。黄酒起源于中国，而中国最具代表性的黄酒，定然是绍兴黄酒。绍兴黄酒以诱人的醇香、柔和的口感、澄澈的色泽而深受人们的喜爱。2015年，国家领导人访问美国期间，白宫国宴用酒就有绍兴黄酒。

2.鲁迅先生笔下的"社戏"到底是什么呢？

在鲁迅先生的笔下，人们看社戏的场景热闹非凡。水乡社戏是一种以戏剧表演为核心的民俗活动，具有祭神和娱人相结合的特点，普遍流行于绍兴地区。如今，社戏已逐渐发展为江南民间隆重的节日庆典活动，也是国家级非物质文化遗产。

3.《兰亭集序》中的兰亭在哪里？

永和九年（353年），王羲之与友人集会于兰亭，也就是今天绍兴市兰亭镇的兰渚山下。他们在此饮酒赋诗并汇成诗集。王羲之为诗集题序，记叙兰亭山水之美和聚会的欢乐之情，于是"天下第一行书"就此诞生。

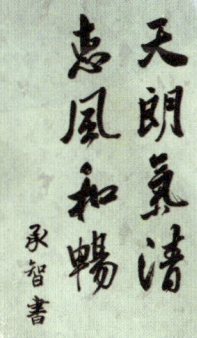

1954年的日内瓦会议，周恩来品尝的就是绍兴酒和茅台酒。1985年，邓小平与美国前总统尼克松共进午餐时，享用的也是绍兴酒。

《旅行日记》

下一站

浙江
湖州

去哪里：

· 南浔古镇
· 太湖旅游
度假区
· 安吉竹海
· 湖笔博物馆

品什么：
· 太湖三白
· 安吉白茶
· 雪饺、茶糕
· 油爆虾

扫码开启旅行

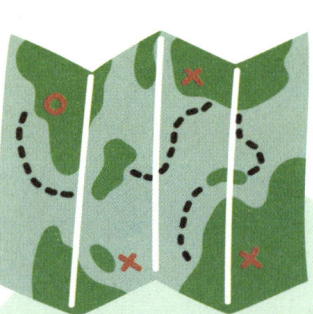

品安吉白茶
赏竹海画卷

"**山**从天目成群出，水傍太湖分港流。"江南小城湖州，坐落于浙江省北部，太湖南岸，因湖而得名。今天，让我们一起走进湖州这座有着2300多年建城史的历史文化名城。

湖州山清水秀，风景优美。莫干山、大竹海、大汉七十二峰等自然风光让湖州成为名副其实的国家森林城市。"行遍江南清丽地，人生只合住湖州。"这是元代诗人戴表元对湖州宜居环境的赞誉。

湖州历史悠久，拥有深厚的文化底蕴。湖州出产的湖笔被誉为"笔中之冠"，白居易曾以"千万毛中拣一毫"来形容制笔技艺的精细和复杂。湖州还是世界茶文化的发源地之一，茶圣陆羽在这里完成了世界首部茶学专著《茶经》。湖州还有一批厉害的人物——湖商，他们投身推翻清政府统治的革命运动，对近代中国的经济与政治产生了深远的影响。

让我们一起太湖度假，去江南南浔古镇采风，去安吉竹海踏青。

旅行家专栏

来湖州旅行，可以在春茶上市之时，带着新茶，备好纸墨，走进这座"文化之邦""诗书之乡"，让这趟行程别有风味。

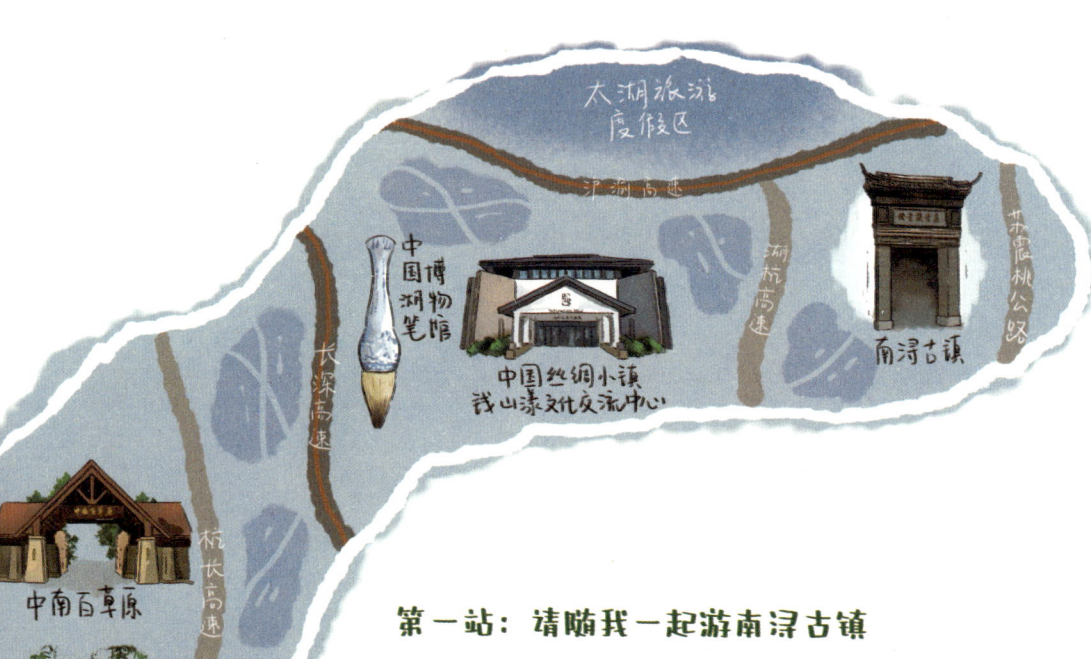

第一站：请随我一起游南浔古镇

南浔古镇—太湖旅游度假区

南浔古镇，是太湖边上的鱼米之乡，古镇中的文化重地。这里还曾是明清时期的蚕丝名镇，商贾云集。不妨去寻一寻宝，看你能不能找到南浔特产"南浔藏谷酒""野荸荠""善琏湖笔""辑里湖丝"和"重麻酥糖"。

来到南浔古镇，一定要去嘉业堂藏书楼。此楼由清末藏书家刘承干所建，因溥仪所赠"钦若嘉业"金匾而得名。它以收藏古籍闻名于世，是中国近代著名的私家藏书楼，后被赠予浙江图书馆。

逛完古色古香的江南小镇，太湖旅游度假区是你休闲娱乐的不二之选。黄金湖岸的湖景风光，堪与辽阔的大海相媲美。黄龙洞曾是道教的"洞天福地"，山崖上多摩崖石刻，有黄庭坚、苏东坡、杜牧、赵孟頫等名家的真迹。玩累了，还能去渔人码头品尝美味的湖鲜。

第二站：请随我一起游安吉竹海

中国大竹海—中南百草原

苏东坡有言："可使食无肉，不可居无竹。"提到湖州，就不得不提位于安吉县的中国大竹海。这是以毛竹为主的林地，景区内大毛竹漫山遍野、青翠茁壮，最大的直径达17厘米。竹海长廊、咏竹亭、观竹楼、五女泉等，都是人间胜景。电影《卧虎藏龙》中玉娇龙和李慕白竹林大战的取景地，就是这片竹海。

安吉是中国竹乡，竹文化也是安吉重要的文化表达。安吉人民将识竹、种竹、用竹，升华成文字、绘画、文艺作品，进而凝练为人格力量与精神财富，为湖州这座城市孕育着源源不断的绿意与朝气。

如果说中国大竹海是将专项做到极致，那么中南百草原就是取众家之所长。它是一个集珍稀植物、野生动物、户外运动于一体的景区，是科普教育、体育锻炼和生态观光的完美结合。

第三站：请随我一起游湖笔博物馆

中国湖笔博物馆—钱山漾文化交流中心

"一部书画史，半部在湖州。"文房四宝之首的湖笔，积淀着湖州数百年制笔业与书画史的文化传承。明代谢在杭在《西吴枝乘》一书中称赞湖笔"毛颖之技甲天下"，这也是对湖笔制作技艺最高的赞誉。

中国湖笔博物馆是当地最有特色的文化博物馆。其建筑外观飞檐翘角、古色古香，内里陈列着大量关于湖笔的历史文物，以及名家赞誉湖笔的书画作品。馆内还有制笔工艺流程展示与精品湖笔展览，对传承湖笔制作技艺这项国家级非物质文化遗产具有重要意义。

看完湖笔博物馆，让我们一起走进钱山漾文化交流中心，领略湖州千年丝韵。这里是中国丝绸历史文化内涵的寻根地，也是探寻湖桑文化的窗口。展馆内巨大的"历史墙"，展示着各个时代的丝绸发展历程。展馆通过实物展示、场景重塑、多媒体技术和丰富的文化交流活动，向后代讲述丝绸历史，向世界弘扬中华文明。

纵横石展

760年，为避安史之乱，陆羽隐居浙江苕溪（今湖州），开始编写《茶经》，历经二十余年才完成。《茶经》全面论述了有关茶叶起源、生产、饮用等各方面的问题，传播了茶业科学知识，开中国茶道之先河，陆羽也被后人尊为"茶圣"。

课文直播间

渔歌子

[唐] 张志和

西塞山前白鹭飞，桃花流水鳜鱼肥。

青箬笠，绿蓑衣，斜风细雨不须归。

——选自《渔歌子》人民教育出版社《语文》五年级上册语文园地

西塞山，位于今天浙江省吴兴区境内的西苕溪上。白鹭是自由、闲适的象征，它们在西塞山前悠闲自得、展翅飞翔。这首词描绘春汛期的景物，反映了太湖流域水乡的生趣盎然。

桃花开、江水涨、鳜鱼肥，桃花流水相映衬，江南湖光山色跃然纸上，鱼儿此时也正肥，暮春时节的渔夫好不自在；青箬笠、绿蓑衣、不须归，青绿渔夫立山间，自由雅致的形象油然而生，渔夫捕鱼不思家，身影与渔船青黄相间，颜色鲜明的画面异常和谐。

秀丽宁静的江南，自由闲适的渔夫，无不是令人向往的生活。词人张志和欣赏和向往的不仅仅是青绿色的箬笠蓑衣和江南烟雨朦胧的景色，更多的是渔人从容不迫、悠然自得的心境。

惊奇拆盲盒

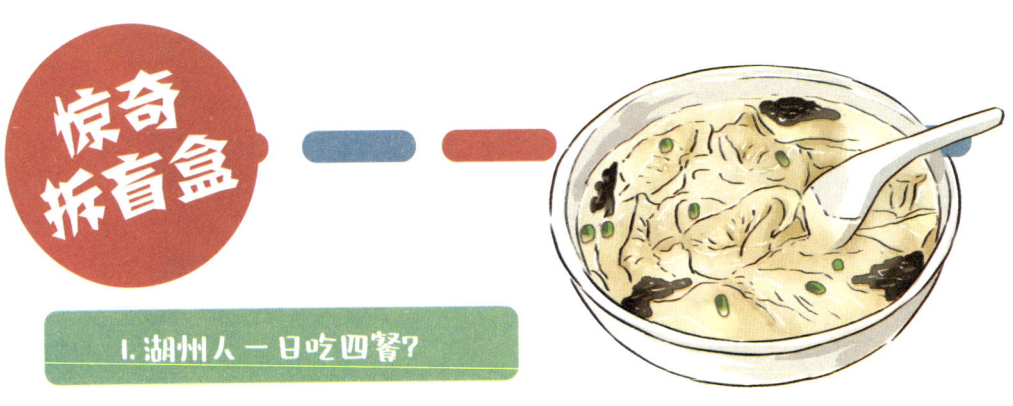

1. 湖州人一日吃四餐？

湖州人的一天，大多从早餐一碗羊肉面或者馄饨开始。午餐不妨尝尝"太湖三白"——白鱼、白虾和银鱼，在太湖边才能吃到地道风味。晚餐不妨走进小巷，品尝一些特色小吃如清蒸臭豆腐、臭千张、千张包子、白斩鸡、臭豆腐拌饭等。

说到吃，就不得不说说湖州人的夜宵了。在湖州，很多店居然营业到凌晨。烧饼生煎粉丝汤，锅贴鸡爪板栗饼，深夜的湖州，各类小吃应有尽有。这让晚归的人，在夜晚也能得到心灵的慰藉，实在便利。

2.安吉白茶的营养价值有多高?

都说好山好水出好茶，在安吉生长的白茶冲泡后形似凤羽，色如玉霜，香气清鲜持久，回味甘而生津，被赞誉为"茶中极品"。不仅如此，安吉白茶还有很高的营养价值。其富含人体所需的18种氨基酸，比普通绿茶高3~4倍，真可谓是"内外兼修"。

3.湖剧曾经没有女性演员?

湖剧，旧称"湖州滩簧"，也有"小戏""花鼓"等称谓，以湖州说唱滩簧与湖州琴书为基础，形成时间约在清道光至咸丰年间，1951年定名为湖剧。湖剧在民国时期以前都是男班，不曾出现女性演员，这一现象在民国以后才逐渐改变。20世纪中期出现了专业的湖剧剧团，音乐和唱腔也有了较大的发展。如今湖剧已经列入国家级非物质文化遗产，不妨趁着这次机会好好感受湖剧的魅力吧。

包罗万象

安吉白茶不属于白茶，而属于绿茶。茶类的划分是以加工工艺为标准的，而不是简单地按照颜色、名字来划分。因为绿茶的加工工艺能够保留安吉白茶白化的独特外观，所以安吉白茶更适合制作成绿茶。

《旅行日记》

下一站

浙江
金华

去哪里：

· 横店影视城
· 双龙洞
· 诸葛八卦村
· 武义大红岩

吃什么：

· 金华酥饼
· 蜜汁火方
· 兰溪杨梅
· 金华火腿、
 金华煲

扫码开启旅行

港式奶茶

茶馆

乘时光机
从秦朝到民国

说到浙江金华，你能想到什么？是扬名中外的金华火腿？还是打造了无数优秀作品的横店影视城？或是叶圣陶笔下的金华双龙洞？今天，让我们一起去浙江金华，乘坐时光机，感受时空的奇幻交叠。

金华的历史源远流长。据古书记载，在中国古代星象学的划分中，这个地方位于金星和婺女的两星辉映之处，所以古代人便以"金星将婺女争华"之意，将此地命名为"金华"。

来到金华，你会发现这里处处是美景：浦江仙华山、永康方岩、磐安百杖潭、东阳东白山。金华的工匠之美也随处可见：东阳木雕、婺州窑瓷器、金华府酒、传统民居营造。更不用提令人垂涎的火腿、酥饼、汤包。秀丽的山水与精巧绝伦的民间智慧，共同造就了这座非同寻常的城市。

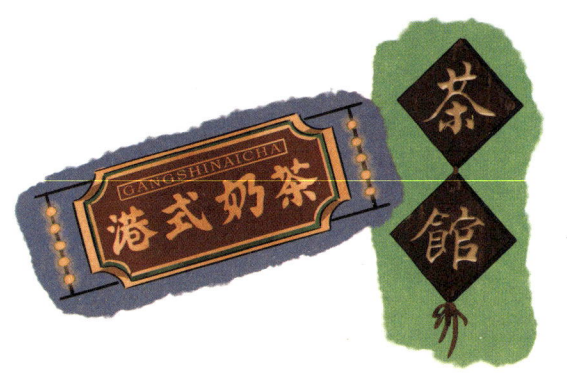

金华历史悠久，人文荟萃。李清照曾经在这里写下"水通南国三千里，气压江城十四州"的著名诗句。正如诗人所言，金华是一座气势恢宏却又婉约灵秀的城市，让我们一起来感受一下。

第一站：请随我一起游横店影视城

秦王宫景区—清明上河图景区—明清宫苑景区—广州街—香港街

来金华，一定要去横店影视城逛逛。秦王宫景区以秦朝最主要的宫殿——咸阳宫为原型，规模巨大、布局严谨、建筑雄伟壮观，淋漓尽致地表现出秦始皇并吞六国、一统天下的磅礴气势。

清明上河图景区，则以北宋著名画家张择端的巨作《清明上河图》为原型而建。景区内画舫精美别致、牌坊高耸林立、楼宇鳞次栉比，生动再现了北宋东京汴河漕运的繁华景象与市井生活。

明清宫苑景区是以北京故宫为原型1∶1修建的，是横店最大的影视基地。如果去不了北京故宫，你也可以来这里领略一下"故宫"的美景。

广州街是为了拍摄历史巨片《鸦片战争》而建的，是横店影视城的早期拍摄基地，后来又扩建了香港街。广州街形象地再现了19世纪中期广州的市井风貌，香港街则分布着皇后大道、香港总督府、维多利亚兵营等19世纪香港中心城区的众多街景。

第二站：
请随我一起游金华双龙洞

双龙洞—兰溪六洞山地下长河

双龙洞距金华市区约8千米，由内洞、外洞及耳洞组成。外洞宽敞明亮，洞壁有众多摩崖石刻。内、外洞之间有巨大的屏石横亘相隔，从外洞进内洞，必须仰卧在小船内，逆水擦岩而过。内洞石柱、石笋造型奇特、布局各异，在灯光的辉映下，让人宛若置身于"水晶龙宫"。

兰溪六洞也是个很有意思的地方。这里山美、水秀、洞奇、寺幽，溶洞景观琳琅满目、洞洞不凡。著名地理学家徐霞客曾两次到访，并将所见记录在《浙游日记》中。这里的地下长河被誉为"海内一绝"，不可错过。

第三站：请随我一起游诸葛八卦村

诸葛八卦村—武义大红岩

诸葛八卦村位于兰溪市西部，据说这里是迄今发现的诸葛亮后裔的最大聚居地。村中建筑按"八阵图"的样式布列，且保存了大量明清时期的民居，还有丰富的木雕、砖雕、石雕艺术，令人称奇。

武义大红岩是非常典型的丹霞地貌景观，其规模之大，堪称全国丹霞赤壁之最。夕阳西下，余晖照耀在岩壁上，大红岩像极了一幅浓墨重彩的油画。

纵横石展

诸葛八卦村为何如此布局，迄今说法不一。有人认为这种布局是后人根据诸葛亮的九宫八卦阵而设计的，是对祖先的一种特殊纪念，也是对诸葛亮"八阵图"的变相保存。也有人认为，这种布局是出于战备考虑，以便从四面八方包围来犯之敌，增加取胜的把握。据说，村内许多小巷纵横相连，似通非通，犹如迷宫一般，若外人进入小巷，往往好进难出，甚至迷失方向……你可别迷路了。

课文直播间

在外洞找泉水的来路，原来从靠左边的石壁下方的孔隙流出。虽说是孔隙，可也容得下一只小船进出。怎样小的小船呢？两个人并排仰卧，刚合适，再没法容第三个人，是这样小的小船……眼前昏暗了，可是还能感觉左右和上方的山石似乎都在朝我挤压过来。我又感觉要是把头稍微抬起一点儿，准会撞破额角，擦伤鼻子。大约行了两三丈的水程吧，就登陆了。这就到了内洞。

——节选自《记金华的双龙洞》人民教育出版社《语文》四年级下册第17课

名师点拨

　　《记金华的双龙洞》是著名作家叶圣陶先生写的。这篇游记按照游览顺序依次写了路上、洞口、外洞、孔隙、内洞、出洞的情况。由外洞进入内洞的部分写得格外详细，值得我们好好揣摩。

　　作者先写去找泉水的来路，不仅承接上文，还引入了后面的内容。那么作者找到了吗？找到了，泉水从靠左边的石壁下方的孔隙流出，这就是泉水的来路，从这里引出了下文需要写的孔隙，非常顺畅。

　　说到孔隙，脑海里自然会浮现出一个极为微细的小孔，可作者笔锋一转，"虽说是孔隙，可也容得下一只小船进出。"可能是与能容纳千人的外洞相比，这只能算孔隙，又或许是只能刚好够一只小船通行，总之这个孔隙给了作者别样的感受。

　　"我怀着好奇的心情独个儿仰卧在小船里，自以为从后脑到肩背，到臀部，到脚跟，没有一处不贴着船底了，才说一声'行了'"。作者先是好奇，旅游景点哪有这样的入场方式？再是紧张，全身贴紧船底才敢让小船开动。随之而来的向人挤压过来的山石，真是让人大气都不敢出，稍微抬头就会撞破额头、擦伤鼻子，让人胆战心惊。奇妙的进场游览方式，给作者前所未有的体验，也让我们跃跃欲试。

　　最后一句承上启下，为后面描写内洞的景色做好铺垫。

　　叶圣陶先生的这段描写十分精彩。作者按照进出孔隙的顺序，以自己的实际体验为主，不仅写出了自己怎样"做"的，更写出了自己在"穿行"过程中的那种压迫感、紧张感。把孔隙的小、窄、险、难写得淋漓尽致。

包罗万象

　　浙江方言以"吴语"为主，但因为浙江多山地丘陵，受地形阻隔的影响，吴语变得十分多样化。其中，又以温州地区的方言最为复杂，可谓"三里不同调，十里不同音"。温州话之所以难懂，据说是因为其保留了很多古汉语中的词汇和音调。

惊奇拆盲盒

1.你尝过金华的特色下午茶吗?

说到金华美食,相信你一定会想到金华火腿。金华火腿以色、香、味、形"四绝"闻名于世。金华火腿色泽鲜艳、红白分明,火腿中肥瘦相间、各有风味,瘦肉咸香却带有丝丝香甜,肥肉香而不腻,甚是美味。

金华酥饼形似蟹壳,表面金黄,里面则包含满满的干菜肉馅,吃起来鲜香四溢,于是就有了"天下美食数酥饼,金华酥饼味最佳"的美誉。

吃金华火腿和酥饼,怎么少得了当地的花茶呢?金华茉莉花茶精选上等的绿茶作为茶坯,所选的茉莉花颗粒大而饱满、色泽洁白光润,茶引花香,花增茶味,相得益彰。

2.你见过似花非花、似果非果的佛手吗?

你们见过被誉为"果中之仙品,世上之奇卉"的独特果实吗?它就是享有盛誉的金华佛手。《浮生六记》里写道:"佛手乃香中君子。"案上放一两个佛手,其悠悠不绝的芳香准能令你舒心不已。金华种植佛手的历史悠久,佛手也是金华市的地理标志农产品。金华佛手不仅极具观赏性,还能消除异味,净化室内空气,抑制细菌。

《旅行日记》

浙江
钱塘江

去哪里：

·海宁盐官
观潮公园
·嘉兴南湖
·桐乡乌镇

吃什么：

·钱塘酥
·嘉兴粽子
·酱鸭
·定胜糕

扫码开启旅行

出发，一起去看 潮起潮落

说起钱塘江，你一定会想到"天下第一奇观"——钱塘江大潮。

你知道吗？钱塘江是古"浙江"的下游，其中游为富春江，即《富春山居图》所描述的风景，而上游的新安江，有著名的千岛湖风景区。

观潮的最佳地点位于嘉兴。这里历史悠久，是新石器时代马家浜文化的发祥地；春秋时，吴越两国在此风云角逐；隋朝开凿运河，给嘉兴带来灌溉舟楫之利；唐朝有万亩良田，"浙西三屯，嘉禾为大。"1921年，中国共产党第一次全国代表大会在嘉兴南湖的一艘游船上胜利闭幕。这里钟灵毓秀，名家辈出，徐志摩、王国维、丰子恺、茅盾等大家给嘉兴增添了浓郁的文学与艺术色彩。

钱塘江入海的地方叫杭州湾，其外阔内窄，呈喇叭形，涨潮时海水从湾口涌入，向西奔涌，受两旁渐狭江岸的约束，水面越来越窄，潮水后推前阻，越来越高，形成了汹涌澎湃的大潮景象。

每年的农历八月十八前后，潮水最为壮观，被称为"钱江秋涛"。去钱塘江观潮，历来以嘉兴海宁的盐官镇为第一胜地。

海宁盐官观潮

一线交叉回头潮，冲天丁字两股潮。
还有半夜月下潮，潮水多变心随潮。

钱塘江大潮类型繁多，观潮的位置不同，所看到的潮头也不同。在中秋佳节前后，八方宾客纷至沓来，争睹钱江潮的奇观，盛况空前。

第一站：请跟我一起去钱塘江观潮

海宁盐官观潮景区—老盐仓观潮点—萧山美女坝观潮点

海宁的最佳观潮点，就在盐官观潮景区的南端。这里是整个钱塘大潮潮势最盛的地方，有"海宁宝塔一线潮"的美誉。潮来时，白练横江，闷雷隆隆；潮水由远及近，由低到高，宛若匹匹白色骏马排成一线，飞奔而来。顷刻间，潮峰耸起一面三四米高的水墙，惊涛骇浪，水花四溅，势不可当。观完潮可以去盐官古城逛逛，感受古镇的历史文化气息。

老盐仓也是海宁的最佳观潮点之一，位于盐官镇西约12千米处。在这里，我们可以观赏到的是回头潮。河段折弯处上游有"丁字坝"，犹如一把扭转乾坤的宝剑直插江心。每当潮水奔流至此，冲到丁字坝头，便犹如林间猛兽狩猎般气势如虹，激浪千重。随即潮头一转，返窜向岸边，直向观潮者们扑来，令人动魄惊心。

钱塘江段，观潮点很多。从嘉兴盐官往西一路到杭州九溪，有许多观潮点可以选择。在萧山美女坝，可以观看一线潮、回头潮、冲天潮。

第二站：请随我一起去游南湖

南湖—烟雨楼—红船—南湖革命纪念馆

观完钱塘潮，可以去往嘉兴南湖。乘一只小船，先去湖中的烟雨楼。烟雨楼是嘉兴南湖湖心岛上的主要建筑，重檐画栋，朱柱明窗，在绿树掩映下更显雄伟，楼前檐悬挂着董必武所书"烟雨楼"匾额。其因唐朝诗人杜牧的"南朝四百八十寺，多少楼台烟雨中"而得名。

接下来，可以前往万福桥旁参观"红船"与南湖革命纪念馆。中国共产党第一次全国代表大会是在南湖的游船上闭幕的。当年的船已经绝迹，现在停在水面上的，是于1959年按游船原型仿制的一艘"纪念船"。红船是中国共产党的"母亲船"，是百年党史中的一座不朽丰碑！

第三站：陪我一起去游乌镇

东栅—西栅

由南湖向西就到了乌镇。走进乌镇东栅，去看看江南水乡古韵，逢源双桥、江南木雕陈列馆、三白酒坊、蓝印花布作坊、江南百床馆，宛如穿梭时光、梦回古城。茅盾故居也位于此处。故居内各室器物按照原有的格局布置，家具也有不少是当年旧物。整座建筑闹中取静、环境幽雅。

沿着子夜路一路向西，过乌镇大桥继续前行，就到了西栅。西栅毗邻京杭运河，交通十分便利。日暮后，你可以乘一叶扁舟夜游西栅，在灯影与桨声里感受古韵十足的江南水乡。

纵横拓展

海宁观潮公园内的占鳌塔也是观潮的好位置，又名镇海塔。汹涌的潮水在使人们惊叹的同时，也带来了巨大的灾难。相传，明朝万历年间，人们认为海潮冲毁堤坝是海中凶狠的鳌鱼在作怪，于是修建此塔，希望能镇住凶神恶煞的妖怪，不让它再兴风作浪。占鳌塔自然镇不住海潮，反倒成为观看盐官一线潮的极佳地点。

钱塘江大潮，自古以来被称为天下奇观。

午后一点左右，从远处传来隆隆的响声，好像闷雷滚动。顿时人声鼎沸，有人告诉我们，潮来了……

那条白线很快地向我们移来，逐渐拉长，变粗，横贯江面。再近些，只见白浪翻滚，形成一堵两长多高的水墙。浪潮越来越近，犹如千万匹白色战马齐头并进，浩浩荡荡地飞奔而来；那声音如同山崩地裂，好像大地都被震得颤动起来……

过了好久，钱塘江才恢复了平静。看看堤下，江水已经涨了两丈来高了。

——节选自《观潮》人民教育出版社《语文》四年级上册第1课

名师点拨

这段描写"潮来潮去"的画面笔触十分细腻。作者从大潮的声、形、势三个方面，用白描的手法，再现了钱塘江大潮蔚为壮观的景象。

你听，潮来时，"隆隆的响声，好像闷雷滚动。""响声越来越大""犹如千万匹白色战马齐头并进，浩浩荡荡地飞奔而来；那声音如同山崩地裂，好像大地都被震得颤动起来。"

你看，潮来时,江面风平浪静，"只见东边水天相接的地方出现一条白线。""那条白线逐渐拉长，变粗，横贯江面。再近些，只见白浪翻滚，形成一堵两丈多高的水墙。浪潮越来越近，犹如千万匹白色战马齐头并进，浩浩荡荡地飞奔而来。"

声与形合成漫天卷地的声势，即使"潮水奔腾西去，可是余波还在漫天卷地般涌来，江面上依旧风号浪吼。"

作者抓住"潮来潮去"的声、形、势，写出了钱塘大潮堪称天下奇观的奇特景象，流露出对自然的敬畏与热爱。

钱塘江大潮，来得快，去得也快。来时声势浩大，去后风平浪静，但却令人回味无穷。

惊奇拆盲盒

1.古人千年前已玩"冲浪"？

钱塘江一带自古就流行"弄潮"，即人迎着大潮，在潮水中做出各种惊险刺激的动作，类似现在的"冲浪"运动。白居易曾多次观赏钱塘大潮，赋诗言道"春雨星攒寻蟹火，秋风霞飐弄涛旗。"这首诗还透露出一个细节：弄潮者手举旗帜，逆涛戏浪，身姿极为矫健。这些诗文表明，中唐时期，钱塘弄潮已经成为一项广为人知的民间运动，深受人们喜爱。

2.不能错过的钱塘特产是什么？

来到嘉兴，著名的美食钱塘酥值得一尝。钱塘酥是浙江的著名特产，有豆沙、花生、芝麻等口味，外观各异，以荷香栗子酥最为经典。它尝起来和绿豆糕口感相似，可以直接吃，佐红茶或其他咸辣小吃也丝毫无违和感，喜欢吃甜的人群可以一试。

3.你知道《富春山居图》吗？

《富春山居图》是元代画家黄公望创作的纸本水墨画，以浙江富春江为背景，画面用墨淡雅，山水疏密得当，墨色富于变化，被誉为"画中之兰亭"。前半卷《剩山图》，现藏于浙江省博物馆，后半卷《无用师卷》，现藏于台北故宫博物院。2011年6月，前后两卷在台北故宫博物院首度合璧展出。

包罗万象

"弄潮"是一种在潮头搏浪嬉戏的古代民间体育活动。弄潮儿指善于在潮中戏水的人，现在比喻在风浪、挫折和困难面前勇往直前的人。弄潮儿的网络新意是指控制时代主流，或者追赶潮流的人。

《旅行日记》

下一站

江西
庐山

去哪里：

· 如琴湖、花径
· 五老峰
· 三叠泉
· 白鹿洞书院

吃什么：

· 庐山石鸡、
  石鱼、石耳
· 庐山云雾茶
· 庐山野芹菜

扫码开启旅行

匡庐奇秀 甲天下山

登泰山而小天下，见雄壮；攀华山而凌绝顶，见险绝；上峨眉而览秀色，见奇异；临嵩山而观松涛，见挺秀。集四山之雄壮、奇异、险绝、秀美于一身者，当属庐山。

庐山位于江西省九江市，又被称为"匡庐"。白居易有言："匡庐奇秀，甲天下山。"庐山又是文化名山，这里到处都留有文人墨客们潇洒倜傥的身影。香炉峰前，李白慨然惊叹："飞流直下三千尺，疑是银河落九天。"花径旁，白居易畅意抒怀："人间四月芳菲尽，山寺桃花始盛开。"身处其中，苏东坡挥毫泼墨："横看成岭侧成峰，远近高低各不同。"

庐山是一座诗歌的山，山水花草都蕴藏着美丽的韵律。"好为庐山谣，兴因庐山发。"毫不夸张地说，每一个诗人，都会情不自禁地为庐山而歌。

让我们一起走进洋溢着诗情画意、翰墨书香的庐山。

旅行家专栏

庐山是因断层构造而形成的山体，故多奇峰、怪石、壑谷、瀑泉、岩洞，雄伟壮观、气象万千。庐山还具有独特的第四纪冰川遗迹，是中国第四纪冰川学说的诞生地。

第一站：请随我一起去游如琴湖，观险峰奇景

如琴湖—天桥—花径—险峰—仙人洞

从如琴湖登山，沿途风景秀丽雅致。如琴湖，顾名思义，因湖面形似一把小提琴而得名。湖中曲桥通往湖心岛，岛内有许多人工饲养的孔雀，所以名为"孔雀岛"。绕着如琴湖前行，便能来到天桥。相传，朱元璋与陈友谅在鄱阳湖大战而兵败，突然天降虹桥，助其脱险。

沿着如琴湖往西南行去，就能见到白居易咏诗《大林寺桃花》的地方——花径。园中建有"白居易草堂陈列室"，花径亭中一块方石上雕刻"花径"二字，传说是白居易手书。

继续前行就到了险峰。登上险峰，鸟瞰山下，会有"会当凌绝顶，一览众山小"的感觉。相传，陶潜的"采菊东篱下，悠然见南山"写的便是此处。

朝西南而下，就到了仙人洞。这是悬崖绝壁中的天然石洞，因其形如手，又名佛手岩。洞深处，有两道泉水沿石而降，这便是千年不竭的"一滴泉"。毛泽东的诗句"天生一个仙人洞，无限风光在险峰"使其名扬四海。

第二站：请陪我一起游崚嶒五老峰、天外三叠泉

庐山会址—五老峰—三叠泉

离开仙人洞，我们可以前往庐山会议会址。会址建筑外表壮观、内饰华丽，周边环境优美。这里曾召开过党的三次重要会议，里面保存着当年许多珍贵的实物与照片，是进行爱国主义教育的重要纪念地。

去五老峰和三叠泉的路上，可以参观著名的"一树二潭一寺"。一树，是指三宝树，其与黄龙潭相距不远。此处浓荫蔽日，绿浪连天，三棵参天古树凌空耸立，形同宝塔。二潭，即黄龙潭、乌龙潭。两潭相邻，各有千秋。潭水分五股从巨石缝隙中飞扬而下，水花翻滚。一寺自然是黄龙寺，坐落于玉屏峰麓。寺宇为万山环抱，松杉碧绕，隐天蔽日，景色奇幽。

五老峰是庐山著名的山峰，因山的绝顶被垭口所断，分成并列的五个山峰，仰望时宛如席地而坐的五位老翁，故人们称其为"五老峰"，是庐山最雄伟奇险之胜景。

庐山瀑布群很多，三叠泉最为著名，古人称其为"庐山第一奇观"。三叠泉又名三级泉、水帘泉，由大月山、五老峰的涧水汇合而下，从大月山流出，经过五老峰背面，注入石台上，又飞泻到二级石台，再喷洒至三级石台后奔涌而下，形成三叠，故名。

第三站：请陪我一起观秀峰瀑布，游白鹿洞书院

石门涧—秀峰瀑布—白鹿洞书院

庐山有三绝，即"绝壁、云海、飞瀑"，而这三者都能在石门涧一睹为快。走过悬索桥不远就是石门涧，石门涧铁船峰东侧石壁是庐山三绝之一的绝壁，也被称作庐山的"云雾窟"。

向北仰望，便可见绝壁上双瀑高挂，如白练悬空，倾泻于鹤鸣、行龟二峰之间，十分壮观，这便是秀峰瀑布。李白《望庐山瀑布》写的就是此瀑，故有"上庐山不游秀峰，登上峰顶也枉然"的说法。

五老峰南麓的白鹿洞书院，享有"第一书院"之誉，是"中国四大书院"之一。来书院读读书，接受一次文化的洗礼，当不虚此行。

纵横拓展

"采菊东篱下，悠然见南山。"这里的南山就是庐山。陶渊明归隐于庐山田野，却没有一回写下"庐山"这两个字，只是用"南山""南岳""南阜""西山"等代指庐山，因庐山在浔阳城之南，南山即浔阳之南山。

课文直播间

望庐山瀑布

[唐] 李白

日照香炉生紫烟，遥看瀑布挂前川。

飞流直下三千尺，疑是银河落九天。

——选自《古诗二首》人民教育出版社《语文》二年级上册第8课

名师点拨

　　"好为庐山谣，兴因庐山发。"李白毫不掩饰自己对庐山的喜爱，为庐山而歌。《望庐山瀑布》就是一首脍炙人口的抒情短歌。

　　诗歌前两句写实，赞美了朝日升起时，香炉峰奇特的景象：早晨，红日冉冉升起，金色的光芒照射到山中。香炉峰上云雾缭绕，因太阳的照射幻化成了一片片紫色的云霞。透过这迷蒙的紫烟，只见一条长长的瀑布从远处的悬崖上倾泻下来，好似白练一般悬挂在山壁间，这绝峰、云烟、飞瀑，给人以无尽的美的想象。

　　诗人不禁浮想翩翩，触景生情，有感而发："飞流直下三千尺，疑是银河落九天。"这莫不是九天的银河，倾泻而下，否则怎会有这样的气势？

　　前两句借用了比喻的修辞手法，写实生动，一个"生"，一个"挂"巧妙而自然地描写了庐山的景象。

　　后两句用极其夸张的手法，写出了瀑布的壮观景象。"飞"字将瀑布喷薄而出时的景象描绘得生动形象，"直下"二字描绘出了水的湍急之势，"三千尺"则写出了山的高峻。"飞流直下三千尺"，一句共七个字，字字千钧、凝练有力。而"疑是银河落九天"中一个"疑"，又用得空灵活泼，若真若幻，引人遐想，增添了瀑布的神奇色彩。

　　让人不由得惊叹诗人的如椽之笔，难怪杜甫这样称赞李白："笔落惊风雨，诗成泣鬼神。"

1.你知道张大千的《庐山图》吗？

庐山"三石一茶"：

石耳　石鱼

石鸡　云雾茶

张大千先生长期旅居海外，终老于台湾岛。一生都未曾去过庐山的他，临终绝笔画却是这幅呕心沥血之作《庐山图》。先生说，他画的是心中的庐山。画中的庐山气势磅礴，瑰丽绚烂，这是画家眼中的庐山，也是画家眼中的祖国山河。

2.庐山为什么如此多雾呢？

这主要是因为庐山被江湖环绕，得天独厚的地理位置为云雾的形成提供了充足的水蒸气。外加庐山气候湿润，源源不断的水汽穿过峡谷，增加了空气的湿度，使悬浮在近地面空气中的水分凝结成雾。庐山地势高、温度低，到处是沟壑涧谷，这样的地形让形态各异的云雾更易产生。

包罗万象

白鹿洞书院始建于唐朝，宋代理学家朱熹将其复兴，并使其成为中国古代四大书院之首。朱熹订立的《白鹿洞书院学规》，曾是中国封建教育的准则和规范，同时也影响了中国古代思想文化的发展。

读万卷书 行万里路

即刻出发 跟着课本去旅行

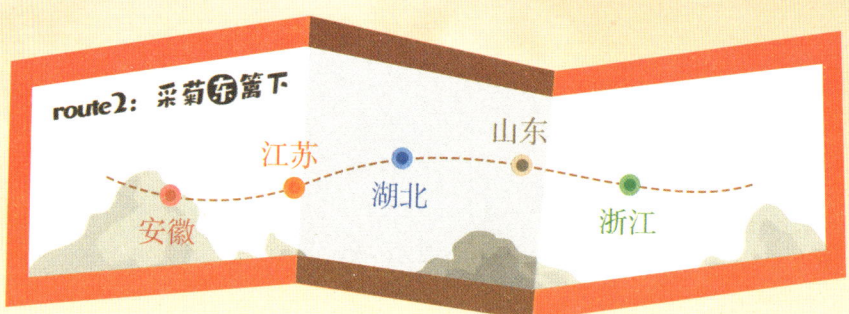

route2: 采菊东篱下

安徽　江苏　湖北　山东　浙江

 我们为你准备的"旅行"背包里装有…

城市历史讲解视频
文化名城的前世故事

世界文化遗产名录
不可错过的热门打卡地

线上云游惊奇盲盒
这些冷知识你都知道吗

历史人文海量影单
历史人文爱好者速速收藏

扫码领取
你的专属旅行背包

小学语文

读书 | 行路 | 博物 | 新知

跟着课本

去旅行

佘承智 主编

天津出版传媒集团

天津科学技术出版社

主　编：佘承智

副主编：臧　永　彭　莉

编　委：苏　静　钱海琴　王　云　汪烨玲　沈　洲

　　　　后媛媛　曹宗梅　黄平刚　郜丹丹　王　珺

　　　　李晓燕　佘钰珺　徐乐阳

让思维伴着课文飞翔

"知是行之始，行是知之成。"这是王阳明在龙场讲学悟道后得出的思想理论。"读万卷书，行万里路。"这是董其昌在《画旨》一书中提出的理论。古人很早就意识到，读书与远行都是学习知识的重要途径和方式。因此，徐霞客行遍中国，写出不朽的地理学著作《徐霞客游记》；岑参随唐廷军队远赴西域参战，写下了一篇又一篇荡气回肠、脍炙人口的边塞诗；司马迁遍考史迹、收集历史信息，让《史记》一书的记录翔实可信。古往今来的无数例子都表明——"知"与"行"是知识摄取的一体两面。有句话说得好："万物皆书卷。"差别无非在于阅读的方式，有些要用眼来读，有些则要用脚来"读"。

那么，怎样才算"知行合一"呢？答案其实很简单——如果我们在学习到书本中的知识后，选择合适的时机放下书本走到户外"用脚读书"，去亲身感受书中描写的内容，便是一种"知行合一"。这不仅能够巩固自己刚刚学到的知识，还能让我们举一反三，收获一些书本以外的体验。而如果说课本是同学们认识世界的窗口，那么课本中的一篇篇课文就是架设在窗台上的望远镜。以现在通行的人教版小学

语文课本为例：课本中的许多课文描写的都是我国的壮美河山、名胜古迹和风土人情，比如，《美丽的小兴安岭》为我们展示了我国东北林区的壮丽，《赵州桥》向我们介绍了赵州桥设计之巧妙，《千年梦圆在今朝》带我们回顾神舟五号载人飞船被成功送入太空这一激动人心的历史性时刻，《北京的春节》则让我们也仿佛与北京地区的老百姓一起其乐融融地欢度春节……我国地大物博，处处是风景，课文里的描写总是让人觉得意犹未尽。我们只有亲自去这些地方看上一看，才能一饱眼福。可以说，课本就像一位引路人一样，让我们了解到了五彩斑斓的大千世界。

不过，在当前这个特殊时期，打点行囊来一场说走就走的旅行并不是一件很容易实现的事情。既然如此，那么我们不妨翻开天津科学技术出版社出版的这套《跟着课本去旅行》，来一场思想上的"神游"。这套图书以现行小学语文课本中的课文为骨架，并增添了许多课本之外的内容。这套书为读者设计了许多旅行路线，每到一处旅游景点，便配有相应的"导游词"和手绘插图。读者们在阅读这套书时，就宛如跟着一位经验丰富的导游，在祖国的大地上欣赏壮美河山、瞻仰名胜古迹、感受风土人情。同时，这套书也会在适当的位置插入与旅游景点相关的课文内容，以达到"温故而知新"的效果。

旅行是我们父子俩每年假期都会做的一件事。通过旅行，我们感受到了祖国不同地区的风貌，增长了不少知识。而近年来，乘尻舆、骑神马的云上旅行渐渐兴起，越来越多的人选择宅在家里通过屏幕看世界，这与《跟着课本去旅行》系列图书的理念不谋而合——以课本为主线，让读者足不出户就能通过书本"游览"祖国的风景名胜。对于小读者们来说，这套书可以让大家更好地理解自

己在课堂上、课本中学到的知识；而对于家长朋友们来说，与孩子一起阅读这套书，不仅能够帮助孩子加深对相关知识点的记忆，还能够让家长与孩子之间的关系更加融洽。

也许很多读者会认为，"知行合一"就是要去走别人不曾走过的路、赏别人不曾赏过的景，但其实，去知名景点寻幽探古、探赜索隐，也是一种"知行合一"。而如果我们不能够亲自来一场说走就走的旅行，那么，我们不妨选择在一个静谧的时刻捧起知识性和趣味性兼具的《跟着课本去旅行》系列丛书，让思绪随着文字跳动，让风景名胜在脑海中如电影般放映不迭，从书本中感受祖国大地的广博与美丽。通过共同阅读这套丛书来学到更多的知识，让家庭教育更成功、让亲子关系更融洽，这是每位家长希望实现的，也是《跟着课本去旅行》系列丛书希望实现的。而待到春暖花开、山河无恙之时，我们再收拾起行囊踏上旅途，将那些从《跟着课本去旅行》系列丛书中学到的知识外化于行，实现真正的"知行合一"。

热忱希望《跟着课本去旅行》系列丛书能够"飞入寻常百姓家"，成为大朋友们和小朋友们的案头之书。

《2022中国诗词大会》选手姜方程
《2022中国诗词大会》总冠军姜震
壬寅年夏末于山东胶州

行知有益，阅见美好

——《跟着课本去旅行》自序

一直以来，教学中时常困惑着我们的问题是，面对课本中的经典，由于时间与空间的跨越，个体的阅读与生活经验的差异，让学生在理解文本的时候，总是不够精致，不够充分，阅读也总是浮于表面，很难融入文本的深层次语境里，也很难激发深层次的思维与情感的共鸣。

所以，让学生不仅阅读，而且在阅读中走出去；在旅行体验中，会晤阅读，就成为我们的一个方向。当下"双减"政策让我们对教育有了全新的定位。"五育并举"，全面发展，不是仅仅局限于课本中，而是要让学生融入生活，融入综合性的体验。学习不仅仅是"学习"，而是一种综合性的"学习体验"，更宽泛的"生活体验"。

　　培根说："对于青年，旅行是教育的一部分。"对于个体的我们来说，走出去的旅行，是恢复生命活动力的源泉。这是一场自我成长的旅行，是知识，更是行走。

　　"一个人在旅游时，必须带上知识，如果他想带回知识的话。"我们编写这套《跟着课本去旅行》旨在打通课内与课外的界限，更好地为学生架构知行的桥梁。这本书既是阅读，更是行走。

　　我们对义务教育小学语文教材进行了系统性的整理，梳理了47篇课文、诗词，选择了25个省及自治区，共40个地方，300多处景点。我们希望你能够从阅读中发现美好，从旅行中领略风景，感受文化。如果说，阅读能够让你获得知识的力量，汲取成长的营养，那么行走一定能够让你获得行知的动力，汲取创造的源泉。

　　书中的导语，是旅行的名片。在热情智慧的语言中，我们开启行程。这是一段人文的旅游，这是一段跟着课本寻找名家笔下的文化与风景的旅游。

　　"旅行家专栏"是我们为你量身打造的旅游指南，每一个站点，我们给你提供了旅游的知识、人文的常识、旅行的体验，让你的旅游选择更广泛、更合理、更充分；"纵横拓展"是我们留给你的深层次的人文探索，给有志于探索的你打开一扇天窗；"课文直播间"与"名师点拨"，帮助你从另一个角度去解读文本，体会人文与语言的内涵，结合实地的旅行体验，帮助你找到作家的表达密码；"惊喜拆盲盒"是专门为你准备的旅行地的人文历史、衣食住行等知识点，为你增添点行程的乐趣；最后的"包罗万象"选择具有代表性的历史现象，或者经历，或者文化，画龙点睛，给你的旅程画一个完美的句号。

　　你可以慢慢地走，走进书中的每一处风景；你可以慢慢地品，品尽书中的每一段文字。课本中的文字，会因为我们的体验而变得不同，"新"起来的视野可以帮助你另类地解读；旅行中的体验，会因为我们的路线而变得不同，"厚"起来的书本可以帮助你走得更远；旅行地的传承，会因为我们的发现而变得不同，"活"起来的文化遗产可以帮助你走得更充实；最重要的是，"跟着课本的旅行"，让你自己因此而变得不同，"行"起来的你的成长，将让你更从容、自信而有尊严地走向未来。

　　"闻之而不见，虽博必谬；见之而不知，虽识必妄；知之而不行，虽敦必困。"《跟着课本去旅行》可以让你不谬，去妄，解困。世界是一本书，而不旅行的人只读了其中一页。读万卷书，行万里路，读书旅行，可以让你看清世界，看清自己。

　　一个人走不远，一群人不仅能走得远，而且走得久。在这个方向上，我遇到了很好的团队。他们有理想，有目标；他们有智慧，有努力；他们年轻，他们进取。在教育一线的他们，懂得学生需要什么；在生活圈里的他们，懂得成长需要什么。于是我们就有了碰撞，有了创造，有了全新的成果。

　　记下他们的名字：臧永、彭莉、苏静、钱海琴、王云、汪烨玲、沈洲、后媛媛、曹宗梅、黄平刚、郜丹丹、王珺、李晓燕、佘钰珺、徐乐阳。在泛着墨香的书页里，浸润着他们的热情与智慧。

　　行知有益，阅见美好，是阅读，更是行走，这是一群人行走的大道。

余承智
二〇二三年四月二日

目录

小学语文课文拓展知识读本

跟着课本去旅行

-启程-

《旅行日记》

下一站

北京

紫禁城

去哪里：

·故宫

·天坛公园

·南锣鼓巷

·雍和宫

扫码开启旅行

吃什么：

·卤煮火烧

·北京烤鸭

·炸酱面

·铜锅涮肉

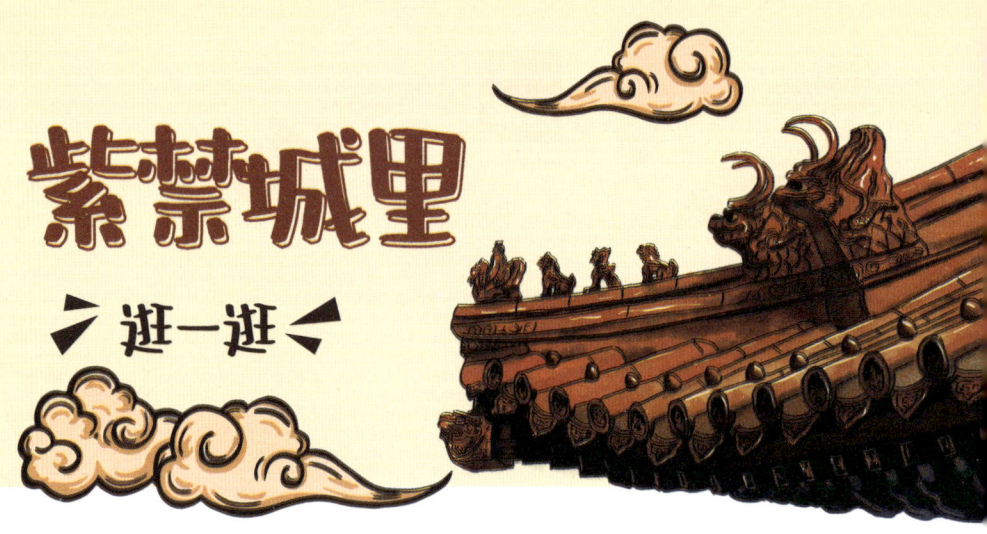

紫禁城里
逛一逛

古时候帝王居住的地方叫皇宫，位于北京城正中心的皇宫被称为"紫禁城"，也就是北京故宫。紫禁城曾是明清两朝帝王的皇家宫殿，是世界上现存最大的宫殿建筑群。故宫博物院就是在紫禁城的基础上建立的。

相传，紫禁城是模仿神话中的天宫建造的，"紫"源于天上的"紫微星"。紫微星居中，表示世界的中心，是权力与尊贵的象征。在古代，紫禁城作为皇宫，戒备森严，是寻常百姓的禁地。

紫禁城内的建筑大多是红墙金瓦，气势恢宏，处处彰显古代帝王至高无上的权力与地位。走进紫禁城，你可以身临其境地感受古代帝王生活的奢华，饱览中国古代建筑的宏伟壮丽，欣赏价值连城的奇珍异宝……那种穿越历史的奇妙感觉，让你不虚此行。

北京故宫是第一批全国重点文物保护单位，1987年被列入《世界遗产名录》。

今天，咱们就去紫禁城里逛一逛！

纵横拓展

故宫布局讲究纵贯南北，东西对称，整个北京城的布局也是如此。从地图上看，一条中轴线贯穿南北，形成了北京两翼对称的城市结构。在这条中轴线上的建筑自南向北一字罗列，蔚为壮观。

旅行家专栏

　　紫禁城始建于明朝永乐年间，距今已有六百多年的历史，明清两朝共有24位皇帝在此居住。一座城，见证了王朝更迭，沉淀了历史记忆。来北京，一定要去紫禁城逛逛。

第一站：请随我一起去北京故宫

　　天安门广场—故宫—景山公园

　　天安门广场在故宫的南端，面积达44万平方米。1949年10月1日，毛泽东在此亲自按下电钮，升起了第一面五星红旗。天安门广场内有升旗台、人民英雄纪念碑、毛主席纪念堂等参观点。1990年10月1日，《国旗法》开始施行，要求升国旗时必须奏国歌，让升旗仪式更加庄严隆重。

　　除了每天要举行升降旗仪式外，每月1日还会进行大升旗，由36名国旗护卫队员和62名武警军乐团队员现场演奏三遍国歌。升旗时间视具体日出时间而定，一般为5:00～7:00。

　　参观完升旗仪式，可以从天安门进入故宫。故宫整体呈长方形布局，宫殿由南向北排列。故宫三大殿、后三宫、御花园都位于这条中轴线上，向两旁对称排开。

　　这里的建筑艺术、园林景观、艺术珍品，会让你身临其境地感受明清两个王朝六百年的兴衰，令人流连忘返。

　　从故宫出来，就来到景山脚下。景山公园位于西城区景山前街，坐落在北京中轴线上，西临北海，南与故宫神武门隔街相望，是元明清三朝的御苑，曾是全城的制高点。你可以拾级而上，鸟瞰紫禁城的全貌。

第二站：请随我一起游天坛、地坛、雍和宫

天坛公园—南锣鼓巷—地坛—雍和宫

天坛公园在故宫东南方，地坛公园在故宫东北方。

天坛是明清两朝皇帝祭天、求雨和祈祷丰收的专用祭坛，在这里可以感受到回音壁、三音石的巧妙设计。最值得一看的，是天坛公园里有一棵柏树，那是邓小平亲手种下的，找到它，让我们一起回到1987年的植树时刻。

从天坛公园出来，一路向北便到了南锣鼓巷和地坛公园。胡同是老北京特有的文化记忆，如果要去北京胡同看看，南锣鼓巷是最好的地方。在这里，你一定能感受到古今文化的交融。

地坛也是明清两朝帝王的祭祀场所，是中国现存最大的祭地之坛。每年春节期间，这里还会举行盛大的庙会，热闹非凡。

距离地坛不远就是雍和宫，这曾是雍正皇帝登基前的居所，如今融宗教活动场所、博物馆和旅游景点于一体，每天吸引着大量游客与信众。

太和殿俗称金銮殿，高二十八米，面积两千三百八十多平方米，是故宫最大的殿堂。在湛蓝的天空下，那金黄色的琉璃瓦重檐屋顶，显得格外辉煌。殿檐斗拱、额枋、梁柱，装饰着青蓝点金和贴金彩画。正面是十二根红色大圆柱，金琐窗，朱漆门，同台基上的白色栏杆相互衬映，色彩鲜明，雄伟壮丽。

大殿正中是一个约两米高的朱漆方台，上面安放着金漆雕龙宝座，背后是雕龙屏。方台两旁有六根高大的蟠龙金柱，每根大柱上都盘绕着矫健的金龙。仰望殿顶，中央藻井有一条巨大的雕金蟠龙，从龙口里垂下一颗银白色大圆珠，周围环绕着六颗小珠，龙头、宝珠正对着下面的宝座。梁枋间彩画绚丽，有双龙戏珠、单龙翔舞，有行龙、升龙、降龙，多态多姿，龙身周围还衬托着流云火焰。

——节选自《故宫博物院》人民教育出版社《语文》六年级上册第12课

这篇课文是按照游览参观的顺序写的，由南到北依次且有重点地介绍了故宫的主要建筑及其布局和功用，条理十分清晰。

课文先总说再分说。分说时，又按由南向北的空间顺序：天安门 → 端门 → 午门 → 汉白玉桥 → 太和门 → 三大殿（太和殿、中和殿、保和殿）→ 小广场 → 后三宫（乾清宫、交泰殿、坤宁宫）→ 御花园 → 顺贞门 → 神武门 → 景山。

分清主次，有详有略，才能突出重点，把最有特色的地方写出来，给读者以深刻的印象。课文以三大殿中的太和殿作为重点，详细介绍它的方位、外观、内部装饰，以及功用，使读者既对故宫的"心脏"——太和殿有比较全面的了解，又能由点到面，对故宫的整体特点产生比较深刻的印象。

惊奇
拆盲盒

1. 午门斩首是真的吗?

在一些古装电视剧里，我们经常看到皇帝一怒之下会下令将忤逆之臣推出午门斩首。但是，午门是紫禁城的正门，有谁会在自家的大门前开杀戒呢？所以"午门斩首"不是真的，电视剧里不过是为了配合剧情，以彰显君王的威严罢了。

2.你知道天安门广场上空的国旗多久更换一次吗？

　　天安门每天的升旗时间是根据日出时间确定的。那多久更换一次国旗呢？每天清晨，天安门广场升起的五星红旗都是崭新的，换下来的国旗会按编号妥善保存在旗库中。那些有特殊意义和参加过重大节日的国旗，则有更重要的使命。开国大典的国旗已作为国家一级文物藏于中国国家博物馆，还有一部分国旗会赠送给学校用于爱国教育，以及覆盖在烈士、伟人的遗体或者棺椁上。

3. 猜一猜能称为"外交神器"的北京美食是什么呢？

　　"不到长城非好汉，不吃烤鸭真遗憾。"你听说过这句俗语吗？周恩来曾多次以烤鸭宴请外宾，使北京烤鸭逐渐成为"外交神器"，在中国外交史上立下卓著功勋。

包罗万象

　　看过绘本《故宫御猫夜游记》吗？据说故宫里有200多只野猫，都是明清两朝皇家猫的后代，因为常年居住在故宫，被称为"宫猫""御猫"。发生在故宫里的故宫猫、故宫兽和故宫夜的奇幻故事，一定要先睹为快。

《旅行日记》

下一站

北京
园林

去哪里：

·圆明园
·北大、清华
·八达岭长城

吃什么：

·条子烤肉
·馓子麻花
·豆汁焦圈

扫码开启旅行

探访皇家园林

慨叹历史兴衰

北京是我国的首都，中国四大古都之一，有着3000多年的建城史，是全球拥有世界文化遗产最多的城市。

北京皇家建筑中除了最具代表性的紫禁城外，还有许多令世人瞩目的皇家园林。其中，颐和园和圆明园是清王朝倾力兴建的两座大型宫苑，同时也是封建君主专制鼎盛与衰亡的见证地。

颐和园和圆明园都由清朝皇帝所建，当年也同样遭受外国侵略者的严重破坏。两座皇家园林经历了一个王朝的荣耀和屈辱，值得我们好好探访，慢慢沉思。

旅行家专栏

颐和园是目前保存最完整的皇家行宫御苑，已被列入《世界遗产名录》。而被誉为"万园之园"的圆明园，现仅存遗址，令人慨叹。

第一站：请陪我一起游圆明园

圆明园—清华校园

圆明园遗址，位于北京市区的西北角，毗邻清华大学和北京大学，占地面积约3.5平方千米。在被烧毁之前，它是一座大型皇家宫苑，建成后深受清朝皇帝的喜爱。

大水法曾是西洋楼景区的一部分遗址，圆明园遗址标志性的石柱就在这里。海晏堂曾是一处欧式园林，十二生肖兽首喷泉曾坐落在此。想象一下，十二尊兽首人身铜像按"八"字在泉池两边分列，每个时辰相应的兽首会喷水，这是何等壮观神奇。万花阵是一处欧式迷宫，建造细节中包含了中国传统元素。圆明园昔日的繁华盛景，我们只能靠眼前这些矗立在杂草中的大小石块去想象，实在令人唏嘘。

清华校园绿草青青，树木成荫，万泉河从校园中蜿蜒流过，环境十分清幽，学术氛围浓郁。校内的清华园曾是皇家园林，亭台楼榭与树木湖水相映成趣；西校区有美式园林与西洋风情的建筑；东校区以苏式主楼为主体，新建现代风格建筑较多。

第二站：请陪我一起游颐和园

颐和园—北大校园

来北京，一定要去颐和园看看。颐和园前身为清漪园，是乾隆皇帝为给母亲贺寿而修建的一座大型皇家园林。它是以杭州西湖为蓝本，汲取江南园林的设计手法而建成的山水园林。它是中国现存最完整的一座皇家行宫御苑，被誉为"皇家园林博物馆"。

颐和园全区可分为三个区域：以仁寿殿为中心的政事活动区；以玉澜堂、乐寿堂为主体的帝后生活区；以长廊沿线、后山、西区为主的苑园游览区。园区的昆明湖畔，有亭、台、楼、阁、廊、榭等建筑百余座，万寿山、排云殿、十七孔桥、苏州街等都值得细细观赏。

当然，你还可以泛舟昆明湖，将春色与皇家气派尽收眼底。

北大校园与清华校园的风格不同，建筑各异。来北大，要看看燕南园、镜春园，这一带湖水清清，湖畔树木郁郁葱葱，格外宁静雅致。一定不要错过未名湖，这是北大最美的地方，有著名的"一塔湖图"，湖心岛四季也有不同的景色。

第二站：请随我一起游八达岭长城

八达岭长城—奥林匹克公园

不到长城非好汉。来北京是一定要登上长城的。长城，是古代重要的防御工程，修筑历史可上溯到西周时期。八达岭长城是明长城的重要关隘，很多初到北京的游客都会慕名前来体验"不到长城非好汉"的壮志豪情，欣赏我国壮美的山河。

2008年夏季奥林匹克运动会和2022年冬季奥林匹克运动会都在北京举行，北京因此成为"双奥之城"。奥林匹克公园的鸟巢和水立方是两届奥运会的主会场，它们的外形设计独具匠心，充分展示我国现代极高的建筑水平。夜幕下的鸟巢和水立方灯光绚烂，是游人们拍照打卡的好地方。

纵横拓展

北京的皇家园林是世界园林艺术的瑰宝。北京的十大皇家园林有：颐和园、圆明园、香山静宜园、北海公园、紫禁城乾隆花园、恭王府花园、中山公园、景山公园、玉泉山静明园、畅春园。

课文直播间

进了颐和园的大门，绕过大殿，就来到有名的长廊。绿漆的柱子，红漆的栏杆，一眼望不到头……抬头一看，一座八角宝塔形的三层建筑耸立在半山腰上，黄色的琉璃瓦闪闪发光。那就是佛香阁。下面的一排排金碧辉煌的宫殿，就是排云殿。

——节选自《颐和园》人民教育出版社《语文》四年级下册习作例文

圆明园在北京西北郊，是一座举世闻名的皇家园林。它由圆明园、万春园和长春园组成，所以也叫圆明三园……

圆明园不但建筑宏伟，还收藏着最珍贵的历史文物。上自先秦时代的青铜礼器，下至唐、宋、元、明、清历代的名人书画和各种奇珍异宝。所以，它又是当时世界上最大的博物馆、艺术馆。

——节选自《圆明园的毁灭》人民教育出版社《语文》五年级上册第14课

《颐和园》采用移步换景的游览顺序，选择了几处极具代表性的景点，路线清晰，条理清楚，详略得当，过渡自然。作者在介绍景物时，非常注意起承转合，让你仿佛跟着作者一同行进在颐和园中。第二段介绍长廊，作者抓住长廊的特点和自己的切身感受，描写得很细致。长廊的第一个特点是"长"，将颐和园万寿山前部的园中之园串联起来。长廊的第二个特点是"美"，这主要体现在横槛上几千幅各不相同的画。这些画属于苏式彩绘，不仅体现了古代画工的精湛技艺，还展现了中华文化的博大精深。

《圆明园的毁灭》以辉煌铺垫毁灭，详略分明，主题突出。圆明园的位置与收藏的历史文化略写，园中的宏伟建筑却写得很详尽。这段描写充分运用了对比的手法：从宏观上将中国传统建筑与西洋景观对比；从微观上将"金碧辉煌的殿堂"与"玲珑剔透的亭台楼阁"，"热闹街市的'买卖街'"与"田园风光的山乡村野"，"仿照各地名胜建造"与"古代诗人的诗情画意建造"进行对比。这段文字将圆明园的建筑之美写得淋漓尽致，同时也直观地抒发了作者对圆明园由衷的赞美之情。

1.你是好汉吗？

常听说"不到长城非好汉"，这句话出自毛泽东的《清平乐·六盘山》，是指不登临长城关口绝不是英雄。这反映了中华民族不畏艰难的精神气魄和积极向上的奋斗精神。所以人们常会用"不到长城非好汉"这句话来鼓励自己战胜困难，攀越顶峰。

2.皇帝也购物吗?

答案是：购！住在皇宫里的帝王、后妃，以及皇家子嗣是不能随便离开皇宫的。久住深宫的皇族们很想体验皇宫以外的生活，于是就有了"宫市"，即在皇宫里模拟街市，让皇族们不用出宫也能体验逛街购物。颐和园中的苏州街就是仿照江南水乡专门建造的街市，它给偌大的皇家林园增添了几分烟火气。

3.你知道中国第一部以字典命名的汉字辞书吗?

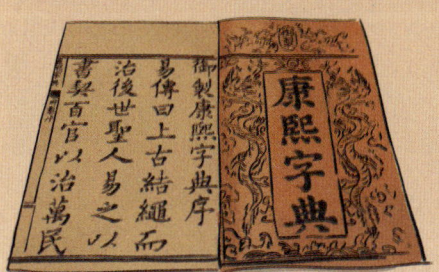

中国第一部以字典命名的汉字辞书是《康熙字典》。这部字典采用部首分类法，按笔画排列单字，共收录了四万七千零三十五个汉字。此书于康熙年间编撰完成，因此得名《康熙字典》，是汉字研究的重要文献。

包罗万象

1983年，李翰祥执导的电影《火烧圆明园》中，故宫、天坛、圆明园都是第一次开放给电影拍摄取景。据说，当时剧组还耗资64万元搭建了一个仿真的圆明园，最后竟然真的一把火将其烧掉。导演尽最大努力还原历史，旨在让观众铭记历史，勿忘国耻！

《旅行日记》

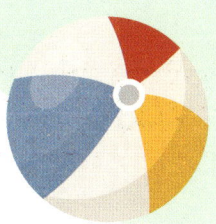

下一站

探秘
京剧

去哪里：

·梅兰芳纪念馆
·梅兰芳大剧院
·长安大戏院

听什么：

·《贵妃醉酒》
·《五花洞》
·《霸王别姬》

扫码开启旅行

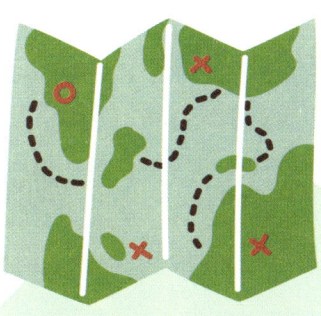

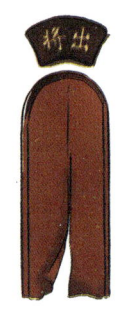

咚锵咚锵咚咚锵
探秘京剧

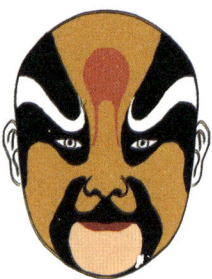

大家听过京剧吗？是不是对京剧有趣的脸谱、特殊的唱腔等留下了深刻的印象？

京剧行当经过发展和简化之后，主要分为生、旦、净、丑四行，在文学、表演、音乐、舞台美术等各个方面都有一套规范化的艺术表现形式。京剧的唱腔为板腔体，以二黄、西皮为主要声腔；伴奏分文场和武场两大类，文场以胡琴为主奏乐器，武场以鼓板为主。京剧以历史故事为主要演出内容，剧目丰富，与武术、书法和中医并称"四大国粹"。

梅兰芳是一个家喻户晓的名字。梅兰芳先生是我国著名的京剧艺术大师，他表演技艺精湛，形成了风格独特的艺术流派——"梅派"，与程砚秋、尚小云、荀慧生并称为京剧"四大名旦"。梅兰芳品格高尚，在抗战期间蓄须明志，不为民族敌人演出，表现了一代艺豪不屈不挠的刚强骨气。

今天，我们就去参观梅兰芳纪念馆，了解京剧艺术，了解名人事迹；再去梅兰芳大剧院（或长安大戏院）欣赏正宗的京剧，感受梨园魅力。

旅行家专栏

梅兰芳纪念馆位于北京市西城区护国寺街9号，是一座典型的北京四合院，原是清末庆亲王府的一部分，后修葺成梅兰芳纪念馆，2013年被公布为第七批全国重点文物保护单位。

第一站：请随我一起去参观梅兰芳纪念馆

纪念馆主要有三部分：外院—正院—东、西展室。

外院南屋是纪念馆的主要展室，这里有大量珍贵藏品，包括剧本、图书、照片、剧单、字画、信件等实物，详细介绍了梅兰芳的艺术生涯，可供大家一睹梅先生风采。

馆内还有梅兰芳本人和一些老艺人历年的便服、剧装照片，名家合影，以及从清末至现代在各剧场或堂会演出的戏单。所藏字画中，有宋、元、明、清和当代书画家——如吴昌硕、陈师曾、陈宝琛、齐白石、徐悲鸿、张大千等人的作品，十分珍贵。梅兰芳本人的绘画，也藏有多幅。此外，还收藏有当代印度画圣难达婆薮为梅兰芳绘制的巨幅油画《洛神》、日本画家渡边晨亩所赠画作、印度诗人泰戈尔亲笔题字赠诗的团扇，极具观赏价值。

正院现在仍保存故居原貌，会客厅、书房、卧室和起居室内的各项陈设均按梅兰芳生前生活起居原状陈列，在这里，我们可以感受梅先生当年生活的种种痕迹。

纪念馆东西两边厢房原为梅兰芳子女的居室和餐厅，一边房间辟为专题展览室，另一边房间辟为活动室，作为招待贵宾和举办小型艺术活动的场所。另有卧室、书房、录像室，展览内容也不定期更新。

第二站：请陪我一起去梅兰芳大剧院

梅兰芳大剧院—长安大戏院

坐落于北京市西城区平安里西大街32号的梅兰芳大剧院，是一座以梅兰芳先生名字命名的，集传统与现代艺术于一体的现代化表演场所，具有演出、展览、会议、声像录制等多种功能。剧院通体被透明的玻璃幕墙包裹，透过明亮的玻璃，能看到一道具有传统特色的中国红墙。走进大剧院，梅兰芳先生的铜像正襟危坐于大厅的正中央，让每个进来之人不由地产生崇敬之感。剧院内还陈设有梨园始祖唐明皇之像、忠义之士关公之像、同光十三绝之像、京剧人偶和传统木雕等艺术作品。

以演出经典剧目尤其是京剧为主的长安大戏院，是闻名遐迩的老字号剧场。在戏曲安排上，大戏院精心编排适合游客观看的京剧，既包含京剧艺术的各个行当，又让观众能看懂，而且配有中英文字幕，方便中外观众理解。这里还经常有老戏曲艺术家和知名演员登台亮相。

在长安大戏院，我们不仅能理解、欣赏京剧，还能通过大剧院陈列的老一代京剧表演艺术家的剧照、京剧不同角色的戏装、脸谱、字画、音像制品，等等，增加对京剧艺术的认识和了解。

纵横拓展

老北京的戏楼地图

西城：湖广会馆、正乙祠戏楼、安徽会馆、阳平会馆、广和楼、广乐戏院、天桥乐茶园、老舍茶馆、梨园剧场等

东城：故宫畅音阁、恭王府戏楼、长安大戏院、东苑戏楼等

通州：梨园镇等

海淀：颐和园、德和园、大戏楼等

课文直播间

京剧还有一种奇特之处：双方正在对打，激烈到简直是风雨不透，台下看的人非常紧张，一个个大气儿不敢出，都把眼睛睁得大大的，唯恐在一眨眼间，谁就把对方给"杀"了……

还有一种"刀（枪）下场"，可以视为动态的亮相。双方正在交战，一方被打败，跑下去了。可胜利一方不紧追，反而留在原地，抡圆了胳膊把手中的兵器（刀或枪）耍了个风雨不透。这，哪里还是戏剧？这，不是太像杂技了吗？您说得太对了，这就是京剧中的杂技成分，自古如此，如今还保留着。它的存在，就是为了凸显人物的英雄气概。

——节选自《京剧趣谈》人民教育出版社《语文》六年级上册第24课

梅兰芳先生是闻名世界的京剧表演艺术家。他在舞台上唱旦角，为了演出的需要，总是把胡须剃得干干净净的。但他的一生中，有几年却是留着胡须的。

......

当抗日战争取得胜利的消息传来时，梅兰芳当即剃了胡须，高兴地向大家宣布："胜利了，我该登台演出了！"前来看他演出的人太多了，很多人没有座位就站着看。

作为艺术家，梅兰芳先生高超的表演艺术让人喜爱，他的民族气节更令人敬佩！

——节选自《梅兰芳蓄须》

人民教育出版社《语文》四年级上册第23课

名师点拨

京剧的表演程式复杂，唱念做打功夫了得，要想说清楚并不容易。《京剧趣谈》从马鞭和亮相两个典型切入，以点带面，用简洁有力的语言深入浅出地介绍了京剧的特点。就"亮相"部分而言，作者从"静"和"动"两种亮相方式，抓住表演的动作，如打、停、止、定，还有观众的神态和心理描写，如"紧张""大气儿不敢出""眼睛睁得大大的，唯恐在一眨眼间"等，让人身临其境领略到京剧的艺术魅力。

而京剧艺术家的品德与表演技艺一样，都令人敬佩。《梅兰芳蓄须》记录了梅兰芳为了维护祖国尊严，蓄须明志，拒绝为敌人演出的感人事迹。课文层层推进，从出逃香港、卖房度日，到最后冒生命危险装病，困难最是考验品格，所遇困难越大，越能反映主人公品格高。剃须与蓄须是巨大的反差，是鲜明的对比，是艺术家高贵品格的闪光体现。

两篇课文让我们深刻地了解了国粹艺术，认识了可敬的艺术家。

惊奇拆盲盒

1. 京剧有四个行当，为什么取"生旦净丑"四个字来命名？

首先让我们了解一下这四个行当的角色特点。"生"指男子形象，有老生、小生、武生等；"旦"指女子，有青衣、花旦、老旦等；"净"指花脸，是画着脸谱的男子；"丑"是文丑、武丑等的合称，多是配角。

对于四个行当的命名，说法有很多，但最全面、可靠的，可能就是"取反义"这种说法：生行演的是成熟稳重的男子，取反义的"生"字；旦行演的是阴柔的女性，取反义的"旦"代表朝气；净行表演时在脸上画脸谱，是演员里妆容最丰富的，所以取反义的"净"字；丑行演的多为伶俐活泼的角色，表演也是最讨好要彩的，所以取反义的"丑"字。

2. 戏服为何不能比奢侈品贵？

京剧是国粹之一，其服饰又称行头。好的戏服，价格上万元乃至数十万元也是有的。比如蟒袍，每一条蟒的造型都不相同，乃是匠人一针一线手工刺绣而成，用料考究，保养费心，属于高端定制品，自然价格也高于一些奢侈品。

包罗万象

1930年，梅兰芳先生登上美国百老汇舞台。他的表演取得空前的成功，引起当时美国文艺界和学术界的高度重视。他成功地把中国京剧艺术介绍给西方，为中华传统文化的传播作出了杰出贡献。

《旅行日记》

下一站

老舍 足迹

去哪里：

· 老舍纪念馆
· 老舍茶馆
· 王府井大街
· 地坛公园

品什么：

· 盖碗花茶
· 京味点心
· 爆肚炒肝
· 果脯糖葫芦

扫码开启旅行

寻老舍足迹 品京味文化

北京是我国的首都，是全国的政治、文化、经济中心，它既是一座现代化的国际大都市，又是有着悠久历史的文化名城。

北京有很多响当当的文人墨客。说说看，你知道几位呢？老舍、梁实秋、王小波、史铁生……其中，老舍先生为我国现代小说的发展作出了不可磨灭的贡献，堪称文学巨匠。

老舍先生原名舒庆春，字舍予，是中华人民共和国成立后第一位获得"人民艺术家"称号的作家。代表作有小说《骆驼祥子》《四世同堂》，话剧《茶馆》。他的作品京味十足，语文课本中就收录了不少。

北京城里有几百家茶馆，其中一家格外有名，那就是"老舍茶馆"，它已然成为北京的"城市名片"。在这里，你不仅能细品茶香，还能感受到独特的京味文化。

旅行家专栏

老舍先生是地地道道的北京人。他用笔墨真实记录了国家命运的沉浮与劳苦大众的悲欢离合。他的作品多以北京方言创作，语言风格纯朴、平实、口语化，形成了独特的"京味文学"。

第一站：参观老舍纪念馆，漫步王府井大街

中华人民共和国成立之初，在美国讲学的老舍应周恩来邀请，回到北京。在北京东城区灯市口西街丰富胡同19号的一处四合院里，老舍先生曾居住了十六年，直至离世。

小院清幽雅致，正门坐西朝东。院内有两棵高大的柿子树，是老舍先生于1953年亲手种下的，每逢秋天，树上便果实累累，因此家人给小院取名为"丹柿小院"。小院当中立有一尊老舍先生的雕像。院内客厅按原状陈列，其他房间为展厅，展示了关于老舍先生的大量珍贵图书、照片、手稿及其遗物，点滴之间记录了老舍先生的足迹。就是在这小小四合院中，老舍先生写下《龙须沟》《茶馆》《方珍珠》等诸多脍炙人口的话剧作品。

离开老舍故居，可步行到达王府井大街。这里是北京著名的商业步行街，有着数百年的历史。这里店铺林立，热闹繁华，能让你强烈地感受到传统与时尚、古朴与前卫的完美交融、多元共生。来到王府井小吃街，吃货们可以一饱口福，品尝到各种京味小吃和各地特色美食。

第二站：来前门老舍茶馆喝大碗茶

《茶馆》是老舍先生创作的话剧。剧中以北京一家茶馆的兴衰变迁为背景，展示了老北京各阶层不同人物的生活变迁。这部话剧被多次搬上舞台，深受观众喜爱。老舍茶馆，就是以老舍先生和这部知名剧作来命名的，1988年由老舍夫人胡絜青女士亲题匾额。老舍茶馆属于3A级景区，同时也是北京民俗文化的汇聚地。要想体验京味文化，这里可是必选之地。

老舍茶馆共有三层，处处彰显老北京的传统文化。茶馆内无论是装饰陈设，还是民俗表演、道地服务，都能让人感受到一种原汁原味的老北京氛围。来老舍茶馆，自然要喝一碗盖碗茶，听上一段相声，看一场京剧表演，品几道菜肴，这才是算沉浸式体验了一回老北京的生活。

第三站：去地坛公园逛庙会

地坛是明清两朝皇帝祭祀土地的场所，它与天坛遥相呼应。要是春节期间来北京，一定要去地坛公园，因为这里会举办热闹非凡、充满年味的庙会。庙会是一种古老的传统民俗文化活动。春节逛地坛庙会是老北京人沿袭多年的传统。庙会上可以体验到各种有趣的民俗，同时还能购买到各色美食和百货。

老舍故居除了北京有一处外，还有四处，分别在青岛、济南、重庆和伦敦。老舍先生的创作生涯始于伦敦，作为英国纪念已故文化名人的一种传统方式，英国遗产委员会在老舍先生故居——伦敦市圣詹姆斯花园31号镶上蓝牌以示纪念。

课文直播间

　　元宵（汤圆）上市，春节的又一个高潮到了……元宵节，处处张灯结彩，整条大街像是办喜事，火炽而美丽。有名的老铺都要挂出几百盏灯来：有的一律是玻璃的，有的清一色是牛角的，有的都是纱灯；有的通通彩绘《红楼梦》或《水浒传》故事，有的图案各式各样。这在当年，也就是一种广告。灯一悬起，任何人都可以进到铺中参观，晚间灯中都点上蜡烛，观者就更多。

　　一眨眼，到了残灯末庙，学生该去上学，大人又去照常做事，春节在正月十九结束了。腊月和正月，在农村正是大家最闲的时候。过了灯节，天气转暖，大家就又去忙着干活了。北京虽是城市，可是它也跟着农村一齐过年，而且过得分外热闹。

——节选自《北京的春节》人民教育出版社《语文》六年级下册第1课

　　说到春节，这可是中国最隆重、最热闹的传统节日了，家家户户都特别重视。春节意味除旧迎新，是寄予了一切美好的新开始。每每到年末之时，人们就会按照当地的习俗早早地为春节做起各项准备，这个过程忙碌但令人乐此不疲。在外奔波的人们都会努力在除夕前赶回家与家人团圆，共度春节，迎接新年。春节期间，人们会拥有一个较长的假期，会不约而同地放慢节奏，尽享与家人、亲朋在一起的快乐时光。春节是家的味道，是传统的味道，更是中国的味道。

　　在老舍先生写的《北京的春节》一文里，我们能感受到浓浓的年味。文章以时间为序，以人物活动串联起北京春节的各种年俗，一下就能把我们带入喜庆祥和的氛围中，同时也会引发我们对北京民俗的兴趣。

　　春节时间很长，一般从正月初一到正月十九。元宵节算是春节的第二个高潮，但是过完元宵节，也就意味着春节进入了尾声。老舍先生用生动的笔墨、充满京味的表达，留给我们对年的深深记忆。俗话说："十里不同风，百里不同俗。"你的家乡过春节时是不是也有很多有意思的风俗呢？

1.春节你家的"福"字贴对了吗?

很多地方过春节都有贴"福"字的习俗,更有把"福"字倒着贴的做法,意在取"福倒了"谐音"福到了"的好彩头。一般在正门上贴的"福"字是正的,显得郑重大气。而家里可以倒贴"福"字,寓意福到了。

2.你知道外地游客最难接受的北京小吃是什么吗?

千万不要以为豆汁是和豆浆差不多的香甜饮品。豆汁是北京的一种特色小吃,老北京有句话:"不喝豆汁儿,算不上地道的北京人。"可惜大多数外地游客都无法接受豆汁酸馊的味道。豆汁是水磨绿豆制作粉条或团粉时,把淀粉滤出后,剩下的残渣发酵制成的。来到北京,你敢不敢挑战一下?

包罗万象

北京大部分的街道都呈东西方向或者南北方向。北京东西向的街牌是白底红字,南北向的路牌则是绿底白字。这就是人们常说的京城街牌规律:白东西、绿南北。

《旅行日记》

下一站

河北
承德

去哪里：

·避暑山庄

·丰宁剪纸
艺术之乡

·金山岭长城

·塞罕坝
国家森林公园

吃什么：

·满族八大碗

·荞面河漏

·汽锅野味八仙

·煎碗坨

扫码开启旅行

一起去承德避暑

说起河北承德，大家脑海中首先浮现出来的一定是避暑山庄。的确，承德避暑山庄举世闻名，又名"承德离宫"或"热河行宫"，是中国现存占地最大的古代帝王宫苑，与北京颐和园、苏州拙政园和苏州留园并称为"中国四大名园"。1961年，承德避暑山庄被公布为第一批全国重点文物保护单位，1994年被列入《世界遗产名录》。

其实承德不仅有避暑山庄，还有许多著名的自然和人文景观。其中，承德丰宁满族自治县更是"中国民间剪纸艺术之乡"。

这次就让我们一起走进承德，走进避暑山庄，一起看看清朝帝王都是在什么样的地方生活起居、处理朝政的，再一同感受中国民间的剪纸艺术。

旅行家专栏

承德避暑山庄是国家5A级旅游景区，始建于1703年，历经康熙、雍正、乾隆三代。山庄包括宫殿区、湖泊区、平原区和山峦区四大区域，而避暑山庄的景色精华就在宫殿区和湖区。

塞罕坝
国家森林公园

京北第一草原

承德避暑山庄

金山岭长城

第一站：请随我一起游承德避暑山庄

丽正门—宫殿区（博物馆）—山峦区—平原区—湖泊区

承德避暑山庄有七十二景，包括康熙定名的三十六景和乾隆定名的三十六景，丽正门正是乾隆三十六景的第一景，也是避暑山庄的正门。穿过丽正门即可到达典雅古朴的宫殿区，宫殿区由正宫、松鹤斋、东宫和万壑松风四组建筑组成，是皇帝处理政务、政余读书、起居、游乐的地方，承德避暑山庄博物馆就位于此。

承德避暑山庄博物馆是中国古代宫廷艺术博物馆，它与北京故宫博物院、沈阳故宫博物院同为我国清朝历史三大博物馆。博物馆现有包括澹泊敬诚、四知书屋、烟波致爽在内的复原陈列和专题展览近30个，陈列了许多珍贵瓷器、字画、珐琅器等，尤其是钟表馆收藏了许多价值连城的钟表，具有极高的观赏价值。

山峦区位于避暑山庄的西北部，这里群山环绕，林木茂盛，乘一辆环山车，即可轻松游览山景。环山车绕过山峦区后就来到了平原区，这里能见到中国四大藏书名阁之一的文津阁，周围景致清幽静谧，兼有北方园林的庄严肃穆和南方园林的温婉娴静。

　　平原区有试马埭——清朝皇帝举行赛马活动的主要场所；万树园——避暑山庄重要的政治活动中心之一。这里地势开阔平坦，绿草如茵，既有翠柏苍松，又有动物成群，野趣横生。

　　湖泊区的热河泉在万树园的南侧。由于其水温高于一般水体，所以白露、霜降后，湖中的荷花依然能和菊花竞相开放，甚至在皑皑白雪的冬天，泉水附近依然能水清藻绿。

　　乘坐环山车游览的途中还可以在如意洲岛下车，这里有初版《还珠格格》"漱芳斋"的拍摄地——烟雨楼，烟雨朦胧，如缥缈仙境。

第二站：请随我一起游承德

　　丰宁剪纸艺术之乡—京北第一草原—金山岭长城—塞罕坝国家森林公园
　　游承德先去中国民间剪纸艺术之乡——丰宁。丰宁剪纸艺术产生于康熙年间，是国家级非物质文化遗产。剪纸内容多以花鸟鱼虫、民间传说、戏剧人物为主，富于变化，玲珑剔透，具有独特风格。

从丰宁出来，可以去京北第一草原——丰宁坝上草原，这是距离首都北京最近的天然草原。这里花草繁茂，黄羊成群，夏季最高气温不超过24℃，是十分理想的避暑胜地。来这里还可以体验草原歌舞、摔跤、酥油抹额、草原火神节等特色风情。

当然，不能忘了登金山岭长城。这一段长城位于承德滦平，1987年被列入《世界文化遗产名录》，是万里长城的精华地段，始建于明洪武元年（1368年），素有"万里长城，金山独秀"的美誉。障墙、文字砖和挡马石是金山岭长城的三绝。站在长城上远眺：春赏烂漫山花，夏眺苍翠林海，秋游尽染层林，冬观素裹银装。金山岭长城一年四季都适合来观赏、摄影。

如果时间够，你还可以去塞罕坝国家森林公园。这是中国北方最大的森林公园，也是清朝皇家猎苑——木兰围场的一部分。这里草原广袤，森林浩瀚，动植物种类繁多，周围的景致可谓是"移步异景"，十分秀美。

纵横拓展

剪纸，又叫刻纸，是一种镂空艺术，是中国最古老的民间艺术之一。剪纸的载体可以是纸张、金银箔、树皮、树叶、布、皮革等。陕西窗花风格粗朴豪放；河北和山西剪纸秀美艳丽；宜兴剪纸华丽工整；南通剪纸秀丽玲珑……在视觉上给人以通透的感觉和艺术享受。

课文直播间

小剪刀，手中拿，
我学奶奶剪窗花。
剪梅花，剪雪花，
剪对喜鹊叫喳喳。
剪只鸡，剪只鸭，
剪条鲤鱼摇尾巴。
大红鲤鱼谁来抱？
哦！再剪一个胖娃娃。

——节选自《剪窗花》人民教育出版社《语文》一年级上册语文园地

名师点拨

　　《剪窗花》是一首童谣，语言活泼，浅显易懂，读起来朗朗上口。

　　童谣紧紧抓住一个"剪"字，一连串地"剪"出了儿童的窗花的世界。剪出了梅花，剪出了雪花，剪出了自然的美好；剪只鸡，剪只鸭，剪出了生活的美好。更有趣的是，剪出的喜鹊还会"叫喳喳"，剪出的大红鲤鱼还会"摇尾巴"，一个个都栩栩如生、活灵活现的。

　　有意思的是，我"剪"窗花，是跟奶奶"学"的。你可以想象一下，奶奶是怎样手把手地教，我是怎样一个一个跟着学。我剪得好，更是奶奶教得好；奶奶精湛的剪纸技艺，给我带来了美的享受。

　　最妙的是，童谣最后用一个设问的形式，再剪个"胖娃娃"去抱"大红鲤鱼"。"大红鲤鱼谁来抱？哦！再剪一个胖娃娃。"这一问一答，与其说是剪窗花，不如说是"我"与奶奶进入窗花的世界，与它们一同嬉戏。谁能说，那剪出的胖娃娃不是自己呢？剪窗花，剪出了不一样的童年，剪出了不一样想象，剪出了不一样的亲情。

莊山暑避

1.听说避暑山庄题字有错别字?

避暑山庄正殿大门的上方悬有一块写着"避暑山庄"四个鎏金大字的匾额,为康熙皇帝的御笔。而"避暑山庄"的"避"右边的"辛"字多写了一横,成了错字,其实这是一种异体字现象。在清朝,两个"避"字可以同时使用,无论哪一种写法都是正确的。在这里,康熙皇帝是为了追求书法美才这样写的。

2.沙琪玛竟然是祭品?!

沙琪玛也叫"萨其马",是满语的音译,本是清朝关外三陵祭祀的祭品之一。清军入关后将它带入了北京,自此它在北京开始流行,成为京式四季糕点之一。

3.我们说的普通话原来是滦平话?

我们现在所说的普通话是由"北京官话"发展而来的,20世纪50年代,专家学者去了河北进行普通话标准音采集,最后根据从承德市滦平县采集的语音制定标准。某种程度上可以说,我们所说的普通话就是滦平话。

包罗万象

承德现已探明矿藏57种,包括铁、锰、钛、钒、铜、铅、锌、金、银、煤、萤石、磷、膨润土等;其中铁、二氧化钛、铜、黄金等矿产储量均居全国前列。

《旅行日记》

下一站

河北
赵州桥

去哪里：

·赵州桥
·宁荣街
·红崖谷

吃什么：

·藁城宫面
·金凤扒鸡
·赵州雪花梨
·辛集鲜驴肉

扫码开启旅行

中国第一石拱桥

赵州桥

跟着课本去旅行，这一站，我们一同去位于河北石家庄的赵州桥走走。

河北省自古被称为"燕赵之地"，它环抱首都北京，是北京连接全国各地的必经之地，也是华夏文明的重要发祥地之一。

被誉为"天下第一桥"的赵州桥，坐落于河北省石家庄市赵县，又名安济桥，由隋朝著名造桥匠师李春设计建造。赵州桥是世界上现存年代最久、保存最完整的单孔、坦弧、敞肩石拱桥，也是全国重点文物保护单位。河北民间将赵州桥和沧州铁狮子、定州开元寺塔、正定隆兴寺菩萨像并称为"华北四宝"。

旅行家专栏

赵州桥宏伟壮观、曲线优美，富秀逸于雄厚伟大之中，科学水平极高，艺术形象极美。让我们一起去赵州桥景区逛逛，感受古人造桥技术的魅力。

第一站：请随我一起去赵州桥景区

八仙大道—赵州桥—陈列室

去赵州桥，首先要经过八仙大道。"八仙"的人身塑像栩栩如生，传说故事犹在耳边。走过八仙大道，我们就能来到主景点——赵州桥。历经千余年的赵州桥在我国建筑史上占有极其重要的地位，显示出我国古代劳动人民的智慧和力量。整座桥都由巨石砌成，因此当地人也叫它"大石桥"。全桥由一个大拱和四个小拱组成，没有桥墩，远远望去，大拱的弧形桥洞宛若长虹饮涧、玉环半沉，甚是美观。秉承着"中间行车马，两旁走人"的设计理念，赵州桥桥面平缓开阔，两侧有42块栏板和望柱，栏板和望柱上雕刻有蛟龙、兽面、竹节、花饰等，线条流畅，比例适度，刀法苍劲有力，风格古朴典雅，无不在向我们展示隋朝矫健、俊逸的石雕风格。

穿过赵州桥，这里的八角亭、关帝阁等景点也是值得一看的。当然，重点要去陈列室看看。赵州桥虽然始建于隋朝，但是现如今我们能看到的赵州桥基本上都是翻新过的，赵州桥本身的隋朝印记已经很少了。这是因为赵州桥建成一千多年来，遭受了各种自然灾害和人为破坏，因此也经历了多次修缮，修缮后更换下来的栏板、构件等就被收藏于赵州桥陈列室。所以，只有在陈列室，才能感受赵州桥真实且古朴的历史印记。

陀罗尼经幢

柏林禅寺

青银高速

赵州桥

安济大道

第二站：请陪我一起去游石家庄

柏林禅寺—荣国府、宁荣街—隆兴寺—红崖谷

离开赵州桥景区，可以先看看柏林禅寺和赵州陀罗尼经幢，这是两座相距不远的佛教建筑。柏林禅寺曾叫观音寺、永安院，最早建于汉献帝建安年间（196—220年），与赵州桥遥遥相望。现在的柏林禅寺气象恢宏，绿树参天，松柏苍翠。寺内建筑红墙金瓦，古色古香。

赵州陀罗尼经幢始建于北宋景祐五年（1038年），是中国最高的一座石经幢，被誉为"华夏第一经幢"，是经幢石雕艺术最精华所在。

去石家庄，一定要去荣国府、宁荣街看看，这是为拍摄电视剧《红楼梦》而修建的一座大型仿清古建筑群，是百年红学研究成果的具体体现。

荣国府建筑分东、中、西三路。府内有古色古香的四季花亭，有清幽雅致的小桥流水，还有整齐划一的明清风格院落。其建筑风格富丽堂皇，大气磅礴，为我们展现了古代园林建筑的古典之美。荣国府内还有曹雪芹纪念馆，不妨去里面走一走，体会他"于悼红轩中，披阅十载，增删五次"的艰辛写作历程。

宁荣街位于荣国府南侧，是一条仿古商业街，街上共有几十家店铺，店前挂着古式的招牌、幌子，再现了明清时期的市井景象。这一条街以经营传统的古玩字画、手工艺品等为主，文化气息极浓。

附近的隆兴寺始建于隋朝开皇六年（586年），是国内时代较早、规模较大而又保存完整的佛教寺院之一。参观完隆兴寺，可以去看看有"天桂东来第一峰"美誉的红崖谷。红崖谷生态环境优美，一年四季色彩分明，景色宜人，颇有一番绝妙的世外桃源之感。

纵横拓展

赵州桥的合理选址是它成为千年古桥的一个重要原因。现代勘测表明，赵州桥的桥址区域地层分布稳定，地基土主要以密实的粉质黏土为主，中间有粉土和砂土夹层，这种土层基本承载力为34吨/平方米，并且黏土层压缩性小，地震时不会产生砂土液化，是修建这种特大跨度单孔桥梁的比较理想的场所。

课文直播间

河北省赵县的洨河上，有一座世界闻名的石拱桥，叫安济桥，又叫赵州桥。它是隋朝的石匠李春设计并参加建造的，到现在已经有一千四百多年了。

赵州桥非常雄伟。桥长五十多米，有九米多宽，中间行车马，两旁走人。这么长的桥，全部用石头砌成，下面没有桥墩，只有一个拱形的大桥洞，横跨在三十七米多宽的河面上。大桥洞顶上的左右两边，还各有两个拱形的小桥洞。平时，河水从大桥洞流过，发大水的时候，河水还可以从四个小桥洞流过。这种设计，在建桥史上是一个创举，既减轻了流水对桥身的冲击力，使桥不容易被大水冲毁，又减轻了桥身的重量，节省了石料。

这座桥不但坚固，而且美观。桥面两侧有石栏，栏板上雕刻着精美的图案：有的刻着两条相互缠绕的龙，嘴里吐出美丽的水花；有的刻着两条飞龙，前爪相互抵着，各自回首遥望；还有的刻着双龙戏珠。所有的龙似乎都在游动，真像活了一样。

——节选自《赵州桥》人民教育出版社《语文》三年级下册第11课

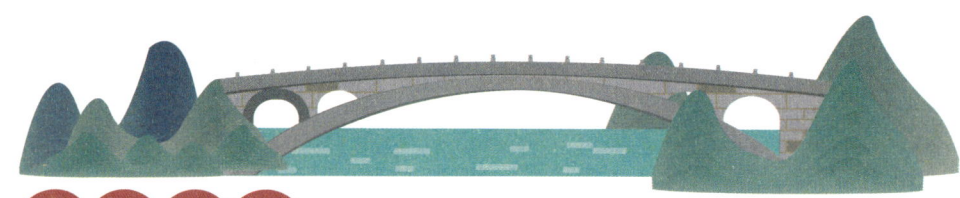

名师点拨

赵州桥历史悠久。作者开篇便向我们交代了赵州桥修建的时间，让我们直观地感知到赵州桥年代的久远。同时一句"世界闻名"向我们传达出对赵州桥的评价，也引出下文对赵州桥为何"世界闻名"的描述。

紧接着，几组数字为我们描绘赵州桥的雄伟：长"五十多米"，宽"九米多"，拱形桥洞横跨在"三十七米多宽的河面上"，无一不在向我们展示赵州桥的宏伟壮观。

不只是雄伟，赵州桥设计也很独特。这里重点为我们举例说明了桥洞的设计及其作用：没有桥墩是为了"减轻桥身的重量"，还可以"节省石料"；四个小桥洞"可以减轻流水对桥身的冲击力"，这"在建桥史上是一个创举"。

更妙的是，设计独特的赵州桥同时还兼顾到了美观。桥的美观主要体现在桥面两侧的石栏，用白描的手法刻画了栏面雕刻的精美图案。描写中没有使用特别华丽的辞藻，却将如诗如画般的赵州桥完整地呈现给读者，让人仿佛在欣赏一件精美的工艺品，爱不释手。

惊奇
拆盲盒

1.扇子也可以做鼓?

赵州扇鼓是河北赵县一带的中国民间舞蹈,因为舞蹈所用的鼓外形似团扇,而得名。扇舞主要出现在农闲时节、丰收之后以及各种庆典活动上,在古代用于祭祀祖先、神明,祈求保佑阖家平安,风调雨顺。

2.你知道多少河北历史名人?

原来燕国大将乐毅、神医扁鹊、负荆请罪的廉颇、完璧归赵的蔺相如、三顾茅庐的刘备、单骑救主的赵子龙、地理学家郦道元、兰陵王高长恭、三国美人甄宓、直言进谏的魏征,都是河北人。你还知道哪些河北历史文化名人呢?

包罗
万象

1991年,美国土木工程师学会认定赵州桥为世界第十二处"国际土木工程历史古迹",并赠送铜牌立碑纪念。这标志着赵州桥已与巴拿马运河、埃及金字塔、法国埃菲尔铁塔等世界知名历史工程齐名。

《旅行日记》

下一站

黑龙江
小兴安岭

去哪里：
- 中俄界河
- 恐龙国家地质公园
- 汤旺河林海奇石风景区
- 库尔滨河沿岸

吃什么：
- 人参石膏鸡肉汤
- 血肠
- 酸菜猪肉炖粉条

扫码开启旅行

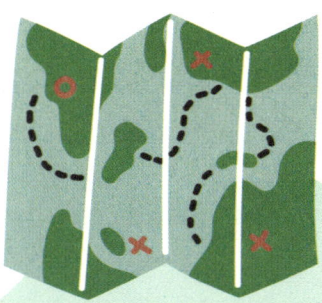

小兴安岭，我来啦！

在中国的东北部地区，有片古老的山脉，称为兴安岭。东面是小兴安岭，西面是大兴安岭，北面的俄罗斯境内则是外兴安岭。

今天，让我们一起走进小兴安岭。小兴安岭位于松花江以北，平均海拔约800米，地域辽阔。其地质年代非常久远，距今已有6亿年左右，这里还出土过三叶虫、恐龙化石呢！

小兴安岭地理环境得天独厚，冬长夏短，昼夜温差大，全年平均气温只有-2.8℃，最低温度可以达到-52.3℃！

小兴安岭是红松的故乡，这里生长着许多珍贵树木；这里也是动物的家园，栖息的动物种类繁多，不仅有驼鹿、猞猁、麝、豹猫、紫貂，也有红背花鼠、松鼠、高山鼠兔、巢鼠等小型啮齿类动物；这里还蕴藏着丰富的矿产，有大量铁矿、铜矿、煤炭等资源。

小兴安岭的"岭"绵延起伏，逶迤千里；小兴安岭的"河"碧波荡漾，流光溢彩；小兴安岭的"林"郁郁葱葱，层峦叠翠。这里四季气候分明，四时景观各异：春观雪中花，夏纳清凉地，秋揽五花山色，冬收琼花圣洁！

旅行家专栏

小兴安岭一年四季景色宜人，是一座美丽的地质花园，也是一座巨大的自然宝库。这里一年四季都适合旅行，春游、避暑、赏秋、玩雪样样嗨不停，小兴安岭，我们来啦！

第一站：请随我一起游界江之城

界江地处蒙古国、俄罗斯、中国交界处，支流众多，流域面积辽阔，沿途风景壮丽。界江游能使你领略到"龙江小三峡"的无限风光。黑龙江在这里将内、外兴安岭一分为二，形成三段峡谷，在金龙峡中，又内含三段小峡谷，由此就组成了大峡套小峡、峡中又有峡的奇特风光！这一段江面极为狭窄，两山夹江对峙，山峰插入云天，江流奔腾湍急，形成一幅壮美的龙江小三峡风光。

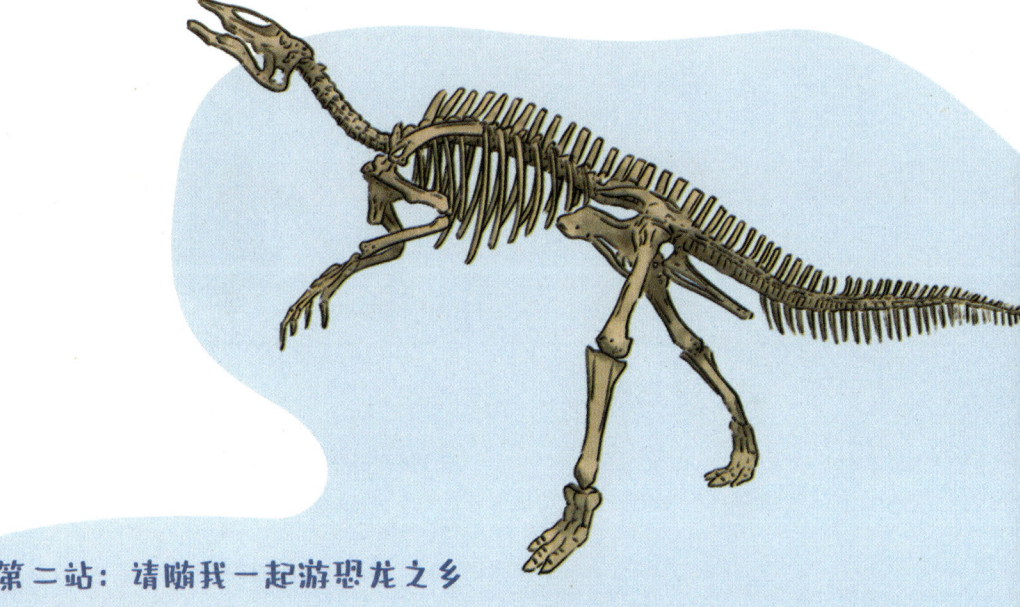

第二站：请随我一起游恐龙之乡

你喜欢恐龙吗？你知道"神州第一龙"是在哪里被发现的吗？那就是黑龙江省伊春市嘉荫县！这里有一座因"龙"而闻名的山——龙骨山，是中国最早发现恐龙化石的地方，被誉为"恐龙的故乡"。位于伊春市区的小兴安岭恐龙博物馆总面积4500平方米，馆内藏有多具恐龙化石骨架，大多属于生活在侏罗纪晚期到白垩纪的恐龙。其中最大的一具恐龙化石骨架是出土于四川省合川县（现隶属重庆市）的马门溪龙骨架，长22米，高9米，仅颈椎骨就有19块，尾长有4米多。出土于龙骨山的两具平头鸭嘴龙化石骨架也陈列在这里！

第三站：请陪我一起游汤旺河林海奇石风景区

汤旺河林海奇石风景区是小兴安岭最有特色的地方。其以稀有的花岗岩石林地貌景观和完整的原始森林为特色，拥有目前国内唯一一处类型最齐全、发育最典型、造型最丰富的印支期地质遗迹。

景区内的拟态奇石和繁茂的植被最有特色，青翠之间奇石遍布，"树在石上长，石在林中藏"，令人叹为观止。对了，它还是中国青少年科学考察探险基地！

第四站：请陪我一起游大平台雾凇

大平台雾凇是小兴安岭冬季旅游最大的亮点。在冬季气温低于$-18C^\circ$并且没有风的情况下，清晨时分，从库尔滨水库下游沿河可以看到绵延几十千米的雾凇，东岸峭壁如削，西岸高低错落。库尔滨水电站使库尔滨河在寒冬仍然流淌而不结冰，正是带着热能的河水造就了宛如仙境一般的大平台雾凇。

大平台雾凇

喜萨恐龙
国家地质公园

黑龙江

林海奇石风景区
汤旺河

嘉荫公路

龙江三峡
国家森林公园

纵横拓展

　　大兴安岭位于祖国最北边陲，东连小兴安岭，内接内蒙古大草原，南临富庶的松嫩平原，北与俄罗斯隔江（黑龙江）相望。大兴安岭有以兴安落叶松为主的针叶林带和以白桦为主的阔叶林带，主要树木还包括樟子松、红皮云杉、山杨等，原始森林茂密，是我国重要的林业生产基地。

课文直播间

　　春天，树木抽出新的枝条，长出嫩绿的叶子。山上的积雪融化了，雪水汇成小溪，淙淙地流着。溪里涨满了春水……

　　夏天，树木长得葱葱茏茏，密密层层的枝叶把森林封得严严实实的，挡住了人们的视线，遮住了蓝蓝的天空……太阳出来了，千万缕耀眼的金光，穿过树梢，照射在工人宿舍门前的草地上……

　　秋天，白桦和栎树的叶子变黄了，松柏显得更苍翠了。秋风吹来，落叶在林间飞舞……

　　冬天，雪花在空中飞舞。树上积满了白雪……西北风呼呼地刮过树梢。黑熊躲进自己的洞里冬眠。紫貂捕捉野兔当美餐……看看春天是不是快要来临。

　　　　　　——节选自《美丽的小兴安岭》人民教育出版社《语文》三年级上册第20课

名师点拨

　　小兴安岭的美丽在于它的自然景色与丰富物产。作者紧紧抓住小兴安岭的"美丽"，以"树木"为主线，以"四季"为顺序，辅以"物产"为点缀，勾勒了一幅色彩明丽、富有生机的四季风景画。

　　四季的树木有变化，更富有生机，这是生长的过程，是生命的力量。春树"抽出"新的枝条，"长出"嫩的绿叶，把枝条快速而有力生长的样子写了出来。你看，枝条笔直的，长长的，细细的，像一把细长柔软的剑，"抽出"是多么形象而贴切的比喻。

　　夏树茂密，"封"住了森林，"挡"住了视线，"遮"住了天空，"浸"润在浓雾里的树木，"穿"过树木的阳光，彰显出树木的勃勃生机。宛如一幅水墨画，有浓淡、疏密、留白，朦胧神秘，意境幽深。

　　秋天见落叶飞舞，冬天见万里冰封。无论是悠悠飘落的秋叶，还是皑皑的白雪，都表达了出一种恬静淡然、活泼快乐的情绪。

　　美丽的林海里，还点缀着许多可爱的故事。小鹿在春溪边散步，各色野花在夏林间盛开，山葡萄、榛子、蘑菇和木耳奉献着秋的味道，紫貂、黑熊、松鼠各自演绎着冬天的故事。

　　在作者的笔下，美丽的小兴安岭就是一片美丽的童话世界。走进去，让自己也成为童话中的一员吧。

惊奇拆盲盒

1.古人千年前已玩"滑雪"？

是的，你没听错，《隋书·北狄传》中记载，古代东北民族室韦人，居住在今天的小兴安岭一带，在恶劣气候条件下学会了"骑木而行"。这里的"骑"是指"踩"，而"木"是指"木马"，类似于今天的滑雪板，"骑木而行"也就是今天滑雪运动的前身。

2."天然火山博物馆"在哪里？

五大连池火山位于黑龙江省黑河市五大连池市，这里以五个神秘的湖泊而闻名。在这些湖泊的周围，分布着十余座火山。这里地貌保存完好，火山口有各种熔岩构造，堪称火山奇观！这些熔岩流动痕迹清晰、形态各异，地质专家称其是"中国少有，世界罕见"，这里还被誉为"天然火山博物馆"呢！

包罗万象

棘鼻青岛龙化石是我国发现的第一具完整的恐龙化石，它出土于山东青岛市附近的莱阳市金岗口村的白垩纪晚期地层，因头上又有棘鼻状的顶饰而得名。

《旅行日记》

下一站

内蒙古

草原

去哪里：

· 大草原
· 内蒙古博物院
· 成吉思汗陵
· 呼伦湖

吃什么：

· 烤全羊
· 奶制品
· 蒙古馅饼

扫码开启旅行

这个夏天
一起去大草原

这个夏天，我们一起去内蒙古感受辽阔的草原风光吧！

内蒙古自治区北部与蒙古国和俄罗斯接壤，东缘嵌着茫茫林海——大兴安岭，自然风光独特，有草原、古迹、沙漠、湖泊、森林和民俗"六大奇观"。内蒙古草原旅行比较集中在呼伦贝尔大草原、锡林郭勒草原和希拉穆仁草原；而若想去内蒙古的沙漠旅行，当然要去巴丹吉林沙漠、腾格里沙漠、库布其沙漠的响沙湾了。在这些地方，你都能体验到绝佳的草原自然风光以及蒙古族特色风情。

内蒙古还是"一代天骄"成吉思汗的故乡，这里有不少的名胜古迹值得游览，如成吉思汗陵、昭君陵、五当召、席力图召等。

蒙古族人民特别好客，只要来了客人，他们就会出门相迎，还会拿出丰盛的食物待客。看，热情的内蒙古朋友来迎接我们了，赶快去看看吧！

旅行家专栏

内蒙古的最佳旅游时间一般为夏季，每年的5月—9月，草原上气候温和，是旅游的最佳时间段，特别是7月—9月这三个月，草原上的草非常茂盛，牛羊成群，这时候草原上还会举办各种各样的民俗活动，热闹非常。

第一站：请随我一起游内蒙古中部——草原上的多重体验

希拉穆仁草原—大召寺—内蒙古博物院

"天苍苍，野茫茫，风吹草低见牛羊"描述的就是希拉穆仁草原附近的景象。草原上的人民很好客，他们会请你喝一杯下马酒，洗去一路风尘，再献上洁白的哈达，用草原特有的歌声迎接你。在这热烈的气氛中，你还能品尝到草原风味的奶茶和美味的手扒肉。

草原上，每年都会举行盛大的那达慕大会，赛马、摔跤和射箭是草原"男儿三艺"。夜幕降临，在草原上围着篝火和蒙古族朋友载歌载舞，是一天最快乐的事。

欣赏完草原美丽的风光，我们去参观大召寺。大召寺是一座藏传佛教寺院，辉煌的召庙建筑、珍贵的文物和艺术品，以及神秘的查玛舞蹈和佛教音乐，构成了大召独特的"召庙文化"。

内蒙古博物院拥馆藏丰富，包括古生物化石、现生生物标本、历史文物、民族文物等。整个博物馆以"草原文化"为主题，在这里，你想知道的有关内蒙古的一切都能找到答案。

第二站：请陪我一起游内蒙古西部——沙漠里的人间秘境

成吉思汗陵—响沙湾—额济纳胡杨林

来内蒙古一定要去闻名遐迩的成吉思汗陵，那是古代大蒙古国第一代大汗成吉思汗的纪念建筑物。来到成吉思汗陵，你会看到三座蒙古包式的大殿肃然伫立，格外庄严。整个陵园的造型犹如展翅欲飞的雄鹰，体现了浓厚的蒙古族艺术风格。

响沙湾以"这里的沙子会唱歌"而闻名。如果想体验蒙古风情的住宿，你可以去福沙岛，住蒙古包、看蒙古婚礼、参加篝火晚会；仙沙岛上有很多适合小朋友的游玩项目，沙漠摩托、高空滑索、沙滩排球、沙雕制作园让人乐不思蜀；悦沙岛上的沙雕城堡、蒙古族服饰展览馆、中心舞台表演也会让人赏心悦目。

额济纳胡杨林最美在秋天，两百多平方千米的胡杨林尽显沙漠的壮观。这里的景区分八道桥，每道桥相似，却各有千秋。二道桥最具原始风貌，水道宽阔，有蒙古包和绵延的沙丘作陪衬，是拍照的好地方；四道桥是电影《英雄》取景地；八道桥位于巴丹吉林沙漠的北缘，能让你零距离领略到"大漠孤烟直，长河落日圆"的绝妙意境。

第三站：请陪我一起游内蒙古东部，走进老舍笔下的草原

呼伦贝尔草原—呼伦湖—兴安神鹿园—黑山头—满洲里

老舍笔下的草原就是呼伦贝尔草原这一片了，辽阔、清新又宁静。微风吹过，绿浪滚滚，牛羊成群，湖水泛起涟漪。除此之外，这里还有金黄的油菜花海、蜿蜒的九曲河流、水天一色的湿地。

深入草原，就来到了呼伦湖。在蒙语里，呼伦湖意为"像大海一样的湖"，宽广无边，碧波荡漾。在呼伦贝尔草原到大兴安岭一带，生活着一群可爱的驯鹿。驯鹿性情温顺，买一些苔藓饲料，跟它们亲密合照吧！

来到黑山头，最值得一看的便是日落了，这里的日落有一种原始粗犷的美感。微凉的风掠过山坡，牧民骑马扬鞭，当太阳收敛光芒时，万物都泛起金光，直到黑色覆盖这片湿地草原。走进满洲里，套娃景区不可不去。这里有中、俄、蒙三国风情，广场中7层楼高的套娃十分醒目，还有马戏团表演可以观赏、俄式美食等你来品尝。

纵横拓展

关于响沙湾的形成和"沙鸣奇迹"至今仍是一个谜团，有人说这是筛匀汰净理论。也有人说是因为摩擦静电再加上地形原因才会导致沙子发出声音共鸣，还有地理环境说、"共鸣箱"等理论，莫衷一是，至今关于"响沙"的科学研究仍在探索中。

这次，我看到了草原。那里的天比别处的更可爱，空气是那么清鲜，天空是那么明朗，使我总想高歌一曲，表示我满心的愉快。在天底下，一碧千里，而并不茫茫……这种境界，既使人惊叹，又叫人舒服，既愿久立四望，又想坐下低吟一首奇丽的小诗。在这境界里，连骏马和大牛都有时候静立不动，好像回味着草原的无限乐趣。

——节选自《草原》人民教育出版社《语文》六年级上册第1课

名师点拨

在老舍先生的笔下，视野从上空展开，"空气是那么清鲜，天空是那么明朗"，作者的心情也是"满心的愉快"。带着这样愉快的心情，草原尽收眼底。"一碧千里，而并不茫茫"，草原的碧绿辽阔，一望无际，远处的小丘、平地、羊群，让草原的色彩画面，由静止到流动，由绿色渲染到白花点缀，呈现出草原独特的风景。

作者的笔触很细腻，在作者的笔下，草原的绿充满着流动的诗意。"翠色欲流"，翠色将流而未流；"流入云际"，翠色已经流入云间，看似自相矛盾的表达，却巧妙地反衬了草原景物真实辽阔的特点。

在作家的眼中，草原的风光如诗如画，有着无限乐趣，因此连静立的牛马，都似乎陶醉其中，像人一样在享受和回味。这种拟人的写法构成了情景交融的艺术境界，增强了草原风光的感染力。

老舍先生不愧为语言大师，写景写心情，上下交替，远近相接，语言清新活泼，比喻生动形象，向我们描述了草原的无限风光。

惊奇拆盲盒

1.成吉思汗最喜爱吃哪道菜？

烤全羊是蒙古族招待贵宾的传统佳肴。据史料记载，它是成吉思汗最喜爱吃的一道宫廷名菜，也是元朝宫廷御宴"诈马宴"中不可或缺的一道美食。

2.蒙古族人民喜爱的乐器是什么？

马头琴是一种饰以马头的二弦琴，它的奇特设计与蒙古族对马的崇拜紧密相连，在蒙古游牧民族文化中扮演着举足轻重的角色。据记载，琴柄上装饰着马头的弦乐器在13—14世纪的大蒙古国时期就已经出现。马头琴所奏的乐曲具有深沉、粗犷、激昂的特点，体现了浓郁的草原风情。

包罗万象

乌兰山额尔古纳河在草原湿地上自然而然地流出一个八卦图案，而这一片区域是著名的"三河马"产地。三河马是中国三大名马之一，与伊犁马、河曲马齐名。文献记载，三河马是赛马比赛中唯一能够与外国血统赛马争雄的国产马，力速兼备是它的最大特点。

《旅行日记》

新疆
天山

去哪里:

·天山天池
·独库公路
·那拉提草原
·巴音布鲁克

吃什么:

·架子肉
·羊肉粉汤
·手抓饭

扫码开启旅行

七月骑马上天山

不到新疆不知中国之大，不到天山不知新疆之美。

"天山"古名"白山"，到了清朝，才正式统一使用"天山"这一名称，取"高入云天"之意。天山是古时联系中亚、西亚的交通要道，是古代丝绸之路的一条重要支线。

天山山系横亘欧亚大陆，在中国境内绵延1700多千米，由三列平行的巨大山脉组成。天山是世界上唯一被大沙漠环绕的山脉，无论冬夏，终年积雪不化，水资源丰富，孕育了无数山地绿洲，楚河、伊犁河和锡尔河都发源于此。

天山独特的地理环境造就了它独特的气候。天山每年分成冷、暖两季，即使在七月暖季，山上也十分凉爽，是避暑旅行的好去处。你可以骑上一匹骏马，去领略七月的天山：雪山峡谷、草原花海、高山湖泊、戈壁荒漠……

旅行家专栏

游览天山，一定不能错过"中国最美公路"——独库公路。独库公路北起独山子，南至库车，沿途巍然雪山、戈壁荒原、浩瀚草场、雪岭云杉……一天有四季，十里不同天。独库公路连接了北疆的柔美和南疆的粗犷，被《中国国家地理》评选为"纵贯天山脊梁的景观大道"。

受气候影响，独库公路只在每年的6月—10月开放通行，现在咱们就一起出发吧！

独山子

乔尔玛

独库公路

乌鲁木齐

天山天池风景区

巴音布鲁克

铁力买提达坂

大小龙池

天山神秘大峡谷

克孜尔千佛洞

库车

第一站：请陪我一起去天山望雪

天山天池—博格达峰

从乌鲁木齐出发，在开往独库公路起点独山子的途中，天山天池是不可错过的风景。天池湖面呈半月形，相传是西王母的"瑶池"。鳄鱼坝是南望博格达峰的最佳场所，"博格达"意为"众山之神"。这里终年白雪皑皑、冰川延绵，是当地人心目中的神山。远远望去，三峰插云，与天池的湖水辉映成趣。

第二站：请陪我一起去穿越大峡谷

独山子大峡谷—乔尔玛—那拉提草原

被誉为"独库秘境，亿年奇观"的独山子大峡谷，整体色彩以灰、黑为主，庄严肃穆。崖壁是千万条深邃的沟壑，能想象到这种如刀割一样的山体痕迹是由天山雪水终年冲刷而成的吗？这就是真正的自然伟力，充满韧性、水滴石穿。

继续向南行驶，沿途的乔尔玛不容错过。"乔尔玛"意为人迹罕至的圣洁之地。红日、蓝天、白云、绿草，以及各色野花，所有的颜色交织在一起，在你面前掠过，就像一幅流动着的巨大油画。

一路南行，我们将来到那拉提草原。"那拉提"意为有太阳的地方，是哈萨克族世代聚居之处。草原地势倾斜，视觉上草甸、河流、树木、雪峰依次向上方和远方延伸，有"空中草原"的美誉。

第三站：请随我一起去草原等候一场日落

巴音布鲁克—天鹅湖

巴音布鲁克是中国第二大草原，意为"泉水丰饶"。从这里开始，我们告别了崎岖的山路，眼前豁然开朗、一马平川。骑上一匹骏马，漫步在草甸、河流之间，在"九曲十八弯"的开都河旁驻足，等待那红润的圆日落下。落日的倒影在河面上依次排开，九日同落，这是何等的壮丽神奇！

草原上的天鹅湖也值得一去。这里被雪山环抱，高山冰雪融水汇入湖中，滋养着我国最大的野生天鹅种群。天鹅在蓝天中翱翔，在碧水中嬉戏，如同草原上的精灵，带来无限生机与活力。

第四站：请随我一起去探秘南疆

铁力买提达坂—大小龙池—天山神秘大峡谷—克孜尔石窟

离开巴音布鲁克，盘山而上，就来到了铁力买提达坂。"达坂"的意思是"山口"，铁力买提达坂是独库公路上最高的达坂，也把新疆划分成了北疆和南疆。

翻越铁力买提达坂，一路前行，我们会看到天山深处镶嵌着一大一小两处高原湖泊、绿如翡翠、皎若明珠，这就是"大小龙池"。

　　继续南行，就来到了天山神秘大峡谷。它的维吾尔语名字叫"克孜利亚"，是"红色的山崖"的意思。谷内崖壁沟壑纵横，岩体千姿百态，红褐色的山体犹如燃烧的火焰。传说这里还有龟兹王的藏宝洞，这就更为此处蒙上了一层神秘的色彩。

　　向西南行80千米，有中国开凿最早的大型石窟群——克孜尔石窟，是龟兹古国的文化遗存。一座座佛教石窟高悬在悬崖绝壁之上，古老而神秘。置身其中，仿佛开启了时空之门，一个悠远、瑰奇的世界展现在我们面前。

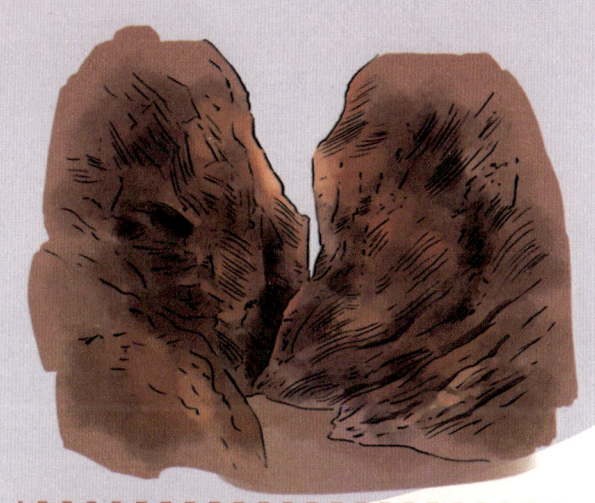

课文直播间

纵横拓展

　　你知道吗？《西游记》中的通天河其实就是新疆著名的内陆湖——开都河。开都河在巴音布鲁克草原上"九曲十八弯"绵延曲折，落日时分，若是找好角度，有机会看到"九个太阳"的奇景。

　　进入天山，戈壁滩上的炎暑被远远地抛在后边，迎面送来的雪山寒气，会使你感到像秋天似的凉爽。蓝天衬着高耸的巨大的雪峰，太阳下，雪峰间的云影就像白缎上绣了几朵银灰色的花。融化的雪水，从高悬的山涧、从峭壁断崖上飞泻下来，像千百条闪耀的银链，在山脚下汇成冲激的溪流，浪花往上抛，形成千万朵盛开的白莲……

再往里走，天山显得越来越美。沿着白皑皑群峰的雪线以下，是蜿蜒无尽的翠绿的原始森林，密密的塔松像撑开的巨伞，重重叠叠的枝丫，漏下斑斑点点细碎的日影。骑马穿行林中，只听见马蹄溅起漫流在岩石上的水声，使密林显得更加幽静。

——节选自《七月的天山》人民教育出版社《语文》四年级下册习作例文

名师点拨

作者通过描写天山特有的景象，写出七月天山独具风韵之美。

天山之美，美在语言。天山雪峰的积雪终年不化，"白皑皑"的雪山映衬着"翠绿"的原始森林，界限分明却又相得益彰。原始森林"蜿蜒无尽"，弯弯曲曲没有尽头，枝丫"重重叠叠"没有缝隙，日光无法直射进去，只能见缝插针地"漏"下，洒在地上斑斑点点、细细碎碎的，光影婆娑，极具画面感。

天山之美，美在修辞。"飞泻"写出了的冰川雪水磅礴的气势。从远处看，一道道雪水从悬崖峭壁之上飞溅而出，在阳光的照射下闪耀着光芒，可不就是"千百条银链"吗？一朵朵水花纯洁如玉，恰似那冰清玉洁的白莲。作者用恰当的比喻写出了雪水的姿态、颜色、光亮，让人感受到七月的天山寂静清凉，却又生机勃勃。

天山之美，美在方位。从雪峰溪流到原始森林，再到野花，随着脚步的深入，移步换景，一步一景。作者的视线从上而下，看到了蓝天、雪峰、雪水、溪流、鱼群……天山美景令人目不暇接，富有变化而又有条有理地呈现在我们眼前。

天山之美，美在情感。文章字里行间流露出喜爱和赞美之情，处处写着喜爱，却没有一处明说，这就是作者的高明之处。让我们感受到作者不仅仅是在描写景物，更是赋予景物以灵魂。

惊奇拆盲盒

1. 天山雪莲是真实存在的吗?

天山雪莲又名"雪荷花",生长于4000米雪线之上,是悬崖峭壁间冰清玉洁的高岭之花。雪莲花生长缓慢,至少五年才能开花结果。虽然形似莲花,但从"血统"上讲,菊科的它却与莲花没有半点关系。天山雪莲之所以能在高原存活,全靠它独特的膜质苞叶来隔绝刺骨的冷空气以保存养分。由于濒临灭绝,野生雪莲被列为国家一级保护植物。当地牧民视雪莲花为圣洁的神物,象征着吉祥如意。如果你有幸遇见,千万不能乱摘哦!

2. 你知道传说中的西王母是谁吗?

西王母是中国神话中至高无上的女神,在民间又被称为"王母娘娘"。《山海经》中对西王母的描述是:"其状如人,豹尾虎齿而善啸,蓬发戴胜。"意思是,西王母虽是人的长相,却长着豹子的尾巴和老虎的牙齿,擅长像野兽一样长啸,蓬散着头发,佩戴着玉胜。西王母居住在昆仑,天山天池是西王母梳洗的地方。相传,后羿就是从西王母处得到了长生不老药,历史上也曾有寻求长生的帝王一直追寻西王母的踪迹。

包罗万象

乌鲁木齐市是世界上离海洋最远的城市。
乌鲁木齐市往各个方向都距海岸线十分遥远,距离都在2500千米以上,位于亚洲大陆的中心地带,也被称为"亚心之都"。

《旅行日记》

下一站

新疆 吐鲁番

去哪里：

·坎儿井民俗园
·火焰山
·高昌故城

吃什么：

·哈密瓜
·葡萄
·馕夹烤肉

扫码开启旅行

烈日炎炎，你不想来一场 水果盛宴 吗？

哇，甘甜多汁的葡萄、香甜清脆的哈密瓜、酥脆爽口的香梨、香甜如蜜的无花果……是不是让你垂涎三尺了？那就让我们一起去新疆吐鲁番饱餐一顿吧！

吐鲁番位于新疆中东部的低洼盆地上，这里群山环绕，盆地南侧的艾丁湖是我国陆地的最低点。吐鲁番历史悠久，是古丝绸之路上的重镇，也是新丝绸之路和亚欧大陆桥的重要交通枢纽。

"早穿皮袄午穿纱，围着火炉吃西瓜"这句谚语说的就是吐鲁番的气候。这里日照时间长、昼夜温差大。夏季，日光最为强烈，戈壁滩上最高温度可以达到惊人的53.2℃，是名副其实的"火洲"，《西游记》里的火焰山就在这里取景拍摄。

同时，得天独厚的地理条件让这里特别适合瓜果的生长，因而成为瓜果之乡。在距离吐鲁番市东北11千米的地方，有个地方久负盛名，它就是被称为火洲"桃花源"的国家5A级旅游景区——葡萄沟。七八月份正是葡萄成熟的季节，如赶上一年一度的"葡萄节"，正好品味异域风情。

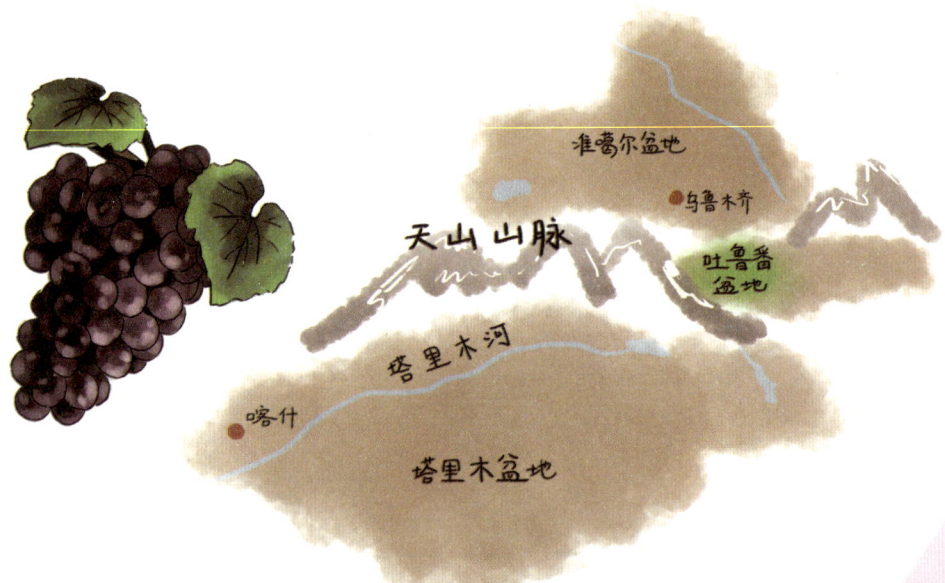

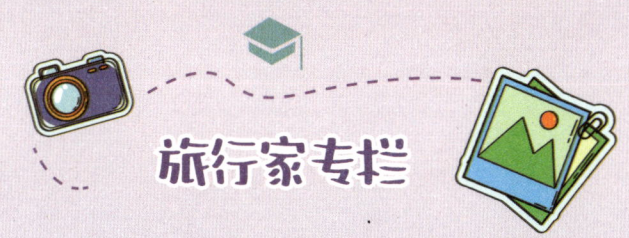

旅行家专栏

一年中，7月—9月是去吐鲁番旅行的黄金时间。因为那时天气逐渐凉爽，瓜果飘香，好吃又好玩。

第一站：请随我一起去游葡萄沟，看看火焰山

到乌鲁木齐，一定要去吐鲁番。每年8月，吐鲁番都会举办葡萄节。大家跳着民族舞蹈，品尝美味的各种瓜果，欣赏达瓦孜表演，热闹非凡。

来葡萄沟一定要去参观制作葡萄干的荫房。去荫房的山崖上有潺潺的泉水，那是"千泪泉"，泉水轻盈透彻、凉爽舒适。行走在古老的青蛙巷中，还能欣赏到几百户图案各异的花门，古朴而宁静。山坡上，一座座荫房排列整齐，这是当地人制作葡萄干的地方。先挑选葡萄，再一串串地挂在荫房里，接下来的，就交给时间吧！

在这里不止能够品尝葡萄的美味，还可以到达瓦孜风情园内，走进世界大馕坑，吃上难得的烤骆驼肉、烤牛肉和烤羊肉，吐鲁番风情让你一次体验够。

从葡萄沟向西走，就是坎儿井民俗园。吐鲁番盆地地下水源丰富，人们开凿地下渠道，将地下水引到地面，使沙漠变成绿洲。在这里可以看到很多百年老井。坎儿井与万里长城、京杭大运河并列为"中国古代三大工程"。

接着往西，就是最具神话色彩的火焰山。路上，你会看到矗立在戈壁滩上的苏公塔，在夕阳西下时到达火焰山。火焰山是中国最热的地方，是名副其实的"中国热极"。远远望去，一根巨大的温度计如同"定海神针"屹立在那里，颇为壮观。这里热浪翻滚，沙窝里都可以烤熟鸡蛋。《西游记》中孙悟空为过火焰山，向铁扇公主三借芭蕉扇的故事，更让这里蒙上了一层神秘的色彩。

第二站：请随我一起游吐鲁番古城

交河故城—柏孜克里克千佛洞—阿斯塔纳古墓群—高昌故城

吐鲁番有许多古城遗迹，交河故城在吐鲁番以西十三千米处。这座古城像一座大堡垒，全部由夯土修建而成。城内设有佛寺、官署、街巷、藏兵壕等，置身其中，仿佛穿越回到2000多年前的车师国。

高昌故城在吐鲁番南面，是丝绸之路的要冲。在这里，我们能看到许多宫殿、寺院遗址和宗教壁画，感受到这里厚重的历史文化。

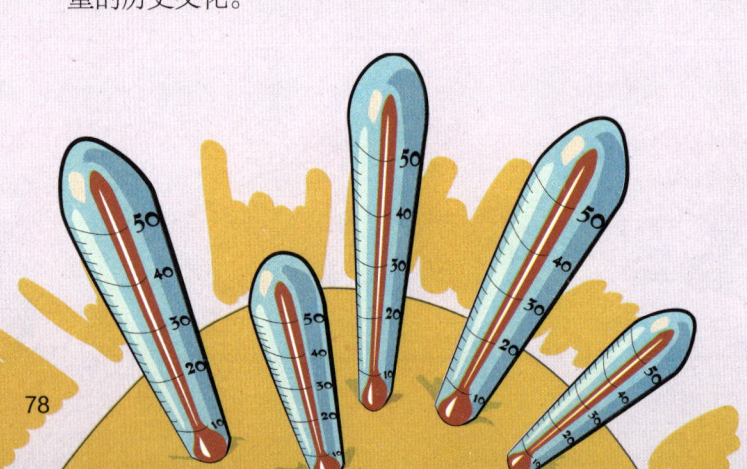

　　还可以去柏孜克里克千佛洞看看。它位于木头沟河谷西岸的悬崖上，洞窟内壁画题材丰富，佛像千姿百态，神形兼备。

　　阿斯塔纳古墓群离火焰山不远，这里埋葬着1700年前各个民族的贵族和平民。在这里，你能看到鲜艳如新的绘画、泥俑等出土文物，墓中古尸及随葬物品历经千年都不腐烂，是名副其实的"地下博物馆"。

纵横拓展

　　吐鲁番是古丝绸之路上的塞外绿洲，曾是我国文化交流和贸易往来的重要枢纽。这里有着有4000多年的历史积淀，是中国文化、古印度文化、古希腊文化等多文化体系和佛教、道教等诸多宗教的交汇点，影响非常深远。

葡萄种在山坡的梯田上。茂密的枝叶向四面展开，就像搭起了一个个绿色的凉棚。葡萄一大串一大串地挂在绿叶底下，有红的、白的、紫的、暗红的、淡绿的，五光十色，美丽极了。要是这时候你到葡萄沟去，热情好客的维吾尔族老乡，准会摘下最甜的葡萄，让你吃个够。

——节选自《葡萄沟》人民教育出版社《语文》二年级上册第11课

名师点拨

这段描写葡萄沟的葡萄，第一句写葡萄的位置，第二句写葡萄的枝叶，第三句写葡萄的颜色，第四句写好客的维吾尔族老乡。由远及近，先景后人，语言简约，层层递进，向我们描摹了不一样的吐鲁番风情。

"葡萄种在山坡的梯田上。"一个"梯田上"，给我们展现了一幅葡萄沟特有的画面。我们或许见过云南山坡上梯田的壮美，也见过山坡上茶田的风光，但是清一色的葡萄，还是第一次看见。

特殊的地理位置，所呈现的是"茂密的枝叶向四面展开，就像搭起了一个个绿色的凉棚。"这样的美观堪称奇特。远看去，就是不站在葡萄架下，你也能感觉到特有的清凉舒适。

秋季成熟的时候，"葡萄一大串一大串地挂在绿叶底下，有红的、白的、紫的、暗红的、淡绿的，五光十色，美丽极了。"简单的一组词，就写出了葡萄的多、大。

由实景的描写，到情景的交融，让你真实感受到文中所表达的情感。不论你从哪里来，在小小的葡萄沟，都能感受到民族的团结与劳动的欢乐。

包罗万象

"没有过不去的火焰山"意思是没有不能克服的困难，这句俗语出自《西游记》。火焰山是《西游记》里孙悟空"三调芭蕉扇"火焰山的原型，1986年版《西游记》第17集就是在这里取的景。

1. 葡萄沟的葡萄为什么那么甜？

你知道为什么葡萄沟的葡萄是中国最甜的葡萄吗？

这和新疆吐鲁番特殊的地理位置和气候条件有着密切的联系。这里冬冷夏热，气候干燥，白天葡萄们充分享受着日光浴，进行光合作用，积累了很多的糖分。到了晚上，温度降低，糖分不容易流失。再加上这里地势低洼，天山上的冰雪融水汇聚到这里，勤劳智慧的维吾尔族老乡用坎儿井取水灌溉，这里的葡萄想不甜都难啊！

2. 吐鲁番盆地藏了多少世界之最、中国之最？

你知道吗？吐鲁番除了葡萄，还有很多的世界之最、中国之最：

世界海拔最低的盆地——吐鲁番盆地

世界干尸最多的地方——阿斯塔纳古墓群

世界最长的井——坎儿井

世界唯一的生土建筑城市——交河故城

中国最热的地方——火焰山

中国最干旱的地方——托克逊县

中国海拔最低点——艾丁湖

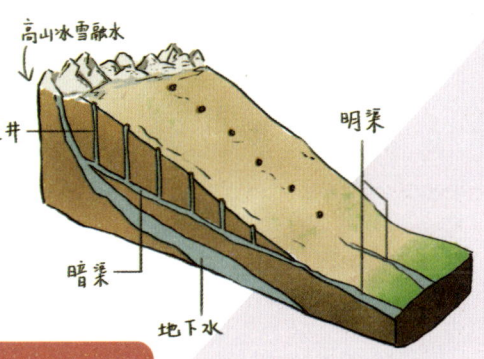

3. 坎儿井是怎么把地下水"吸"上来的？

坎儿井其实并不是井，而是人工开凿的地下河。村民从村口开始挖掘竖井，每条竖井间隔为20~50米，竖井不断向天山方向延伸，再挖一条4~5千米的引水暗渠连接所有竖井，地下水通过暗渠就可以一路流到村庄附近，最后通过明渠储存到蓄水池中，可以饮用和灌溉。而且，坎儿井位于地下，没有阳光直射，也就不易蒸发。这样取水，也太聪明了吧！

《旅行日记》

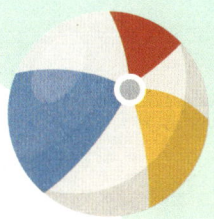

下一站

甘肃
酒泉

去哪里：

· 东风航天城
· 敦煌莫高窟
· 鸣沙山
· 月牙泉
· 玉门关

吃什么：

· 坑羊肠
· 香酥火烧
· 大漠风沙鸡
· 驴肉黄面

扫码开启旅行

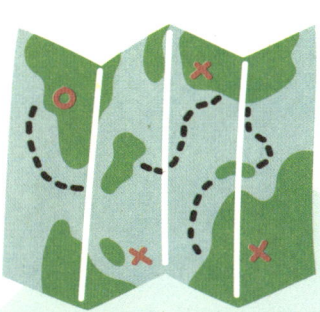

寻宇宙奥秘
圆飞天梦想

　　今天，我们要搭乘时光机，回到千年以前，一起体验王之涣"羌笛何须怨杨柳，春风不度玉门关"的孤寂之感。我们熟知很多关于玉门关的诗词，但玉门关为什么会让如此多的诗人情有独钟呢？诗中的玉门关历经千年，现在到底是什么样子呢？让我们一探究竟。

　　此次行程的目的地，就是地处我国西北部的甘肃省酒泉市。酒泉市位于河西走廊西端，是甘肃省面积最大的城市。酒泉为汉朝河西四郡之一，自古就是中原通往西域的交通要塞，丝绸之路的重镇。相传，酒泉因"城下有泉、其水若酒"而得名。山脉连绵，戈壁浩瀚，盆地毗连，构成了雄浑独特的西北风光。这里既有银装素裹的冰川雪景，也有碧波溪流的平原绿洲，还有沙漠戈壁的海市蜃楼。

　　酒泉创造了辉煌的历史文化，拥有奇异瑰丽的自然美景和雄伟壮丽的人文景观。这里是敦煌艺术的故乡，现代航天的摇篮，是中国石油工业和核工业的发祥地。

旅行家专栏

酒泉文化旅游资源得天独厚，敦煌莫高窟、鸣沙山、月牙泉享誉世界。地处闻名遐迩的"河西走廊"上，这片土地有着难以言喻的美。

第一站：东风航天城——太空的起点站

说到酒泉可能大家一下就会想到酒泉卫星发射中心，这里是中国载人航天的发射场，神舟十五号不久前在这里升空。发射中心95%的子基地位于酒泉市境内，在没有发射任务的时候，可以作为景区开放参观。

在这里，你可以听航天专家科普讲座，参观东方红卫星升起的地方，游览酒泉卫星发射中心历史展览馆、问天阁等，铭记那段从无到有的非凡岁月。

第二站：敦煌莫高窟——中华文明史上的伟大奇迹

一梦入敦煌，一眼望千年。这座沙漠古城被多少诗词赋予了神秘苍凉之感。如果说敦煌是中国人的"诗和远方"，那么敦煌艺术就是我们心灵深处浪漫与激情的灿烂花朵。敦煌是丝绸之路的咽喉要地，连接东西方文明，也是中国边境贸易集散中心。

来了敦煌，一定不能错过莫高窟。莫高窟位于敦煌市东南25千米鸣沙山麓的大泉河畔，处于河西走廊的最西端，是世界上规模最大、延续时间最长、保存最完整、艺术内容最丰富的石窟群。敦煌莫高窟是建筑、雕塑、壁画三者结合的立体艺术，作品年代横跨1000多年。西出敦煌，乘车行驶在广袤无垠的戈壁之中，你会惊叹丝绸之路商队曾走过的壮阔风景。

第三站：鸣沙山月牙泉——戈壁沙漠中的恋人

看完莫高窟，怎能不看一眼鸣沙山，望一眼月牙泉？四季鸣沙，四季月泉，不同的季节会有不同的感觉。

在鸣沙山，能看到沙漠与清泉相伴为邻的奇景，这抹清泉就是月牙泉。鸣沙山月牙泉是国家级风景名胜区，位于敦煌市南5千米处。远处驼铃悠悠、古道漫漫，近处沙不涉泉、沙泉共生，犹如戈壁沙漠中的一对恋人。古往今来，鸣沙山和月牙泉以"沙漠奇观"著称于世。

第四站：玉门关——孤独的历史见证者

玉门关，相信大家并不陌生。"羌笛何须怨杨柳，春风不度玉门关"，诗人王之涣笔下的玉门关，就在敦煌以西的荒漠中。玉门关见证了汉朝与匈奴之间大大小小的战争，同时也是汉朝西部最重要的边境线。

现在的玉门关只剩一方不大的遗址，历经千年的风吹雨打和沧桑巨变，空余残破的土城建筑，十分寂寥。

在这条神奇的通道上，千百年来流传着许多脍炙人口的诗词，边塞的人文情怀、历史风云，在这条走廊上熠熠生辉。

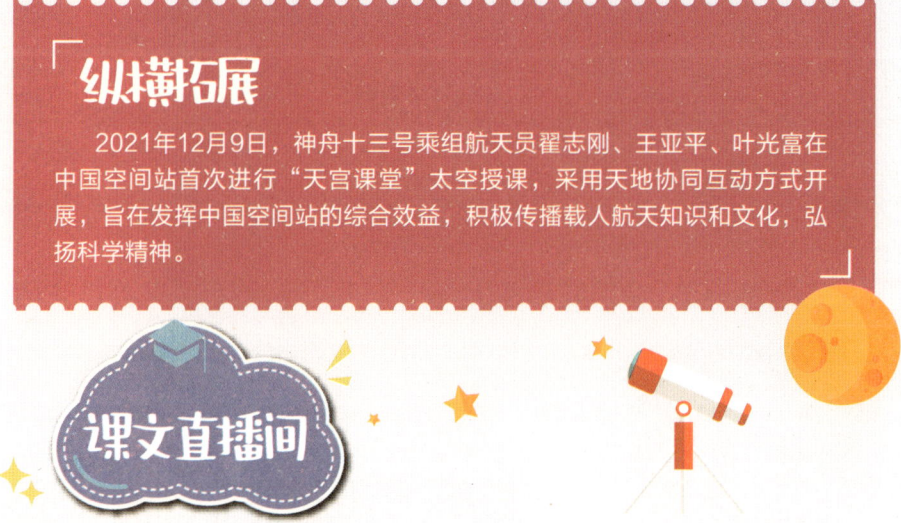

纵横拓展

2021年12月9日，神舟十三号乘组航天员翟志刚、王亚平、叶光富在中国空间站首次进行"天宫课堂"太空授课，采用天地协同互动方式开展，旨在发挥中国空间站的综合效益，积极传播载人航天知识和文化，弘扬科学精神。

课文直播间

经过广大科技人员、工人和解放军官兵十余年的不懈努力，2003年10月15日早晨9时，在酒泉卫星发射中心，随着一声震耳欲聋的巨响，我国自行研制的"神舟五号"飞船被送上太空……我国首次载人航天飞行的成功，向全世界宣告：中国已经成为第三个独立掌握载人航天技术的国家。

——节选自《千年梦圆在今朝》人民教育出版社《语文》四年级下册第8课

名师点拨

中华民族几千年来为实现飞离地球、遨游太空的美好梦想进行了不断的尝试和追求。

从"嫦娥奔月"的神话创造，到东方红一号卫星上天；从"神舟一号"到"神舟十五号"；从"嫦娥一号"到"嫦娥五号"；从"天宫一号"到"天宫四号"。中华民族将自己的航天梦，由梦想逐渐变成了现实。而"神舟五号"载人航天飞行，是中国航天史上里程碑式的飞行荣耀。

"火箭宛若一条蜿蜒的巨龙，划过一道绚丽的曲线，瞬间便消失在了苍穹之中。"这描述的既是火箭的速度，又何尝不是中国人科技发展的速度？这划过的"一道绚丽的曲线"是中国对世界庄严的宣告：中国已经成为第三个独立掌握载人航天技术的国家。

这份自豪，是对中国航天工作人员深深的赞美；这份自豪，是对伟大祖国深深的热爱；这份自豪，是对未来坚定的信念。"飞船运行正常。我自我感觉良好。我为祖国感到骄傲。"杨利伟朴素的话语里，透着这份自豪、自信。

"千年梦圆在今朝"，今朝正是因为他们，那些航天人，我们才能梦圆。这是一个民族不懈的追求；这是一个民族担当的自信；这是一个民族伟大的骄傲。

1.你知道"酒泉"名字的由来吗？

关于酒泉的得名，还有这样一种说法。公元前121年，霍去病率兵深入河西走廊，大败匈奴，汉武帝赐御酒到前线表彰战功。而军士甚众，酒却只有一坛，年轻的将军不愿独享，便将御酒倒入泉水中，全军将士拿头盔盛水共饮，此泉遂得名为"酒泉"，此地后来亦被汉武帝命名为酒泉郡。

2.酒泉民俗文化中的"社火"是什么？

社火在酒泉历史悠久。酒泉流传的社火有狮舞、地蹦子、铁芯子、太平鼓、龙舞、旱船、高跷、跑驴等，其中狮舞分文、武两种。文狮着重表演狮子滚绣球和登高的动作、神态；武狮主要表现狮子翻云梯、上桌子、翻跟头等，基本动作有举、扑、跳、跑、翻、滚等。

3.酒泉特色小吃有哪些？

酒泉的特色小吃具有浓郁的西北风味。这里有香酥火烧——取烧饼与京式点心的特点，将点心馅与食用油和于面中，入火鏊烤炙而成，酥软香甜，油而不腻，作早点夜宵都可以。油酥馍，也叫糖酥馍——色黄鲜亮，酥脆香甜，冷热都可以吃，多在街头巷尾叫卖。合汁——以羊肉汤为主，再加入猪肉汤和鸡肉汤，混合配制，味道非常鲜美。炝羊肠——一种具有西部特色的小食品。现炝现吃，热吃为佳。

包罗万象
在白天看到流星的概率是非常小的，因此"白昼流星"是天文现象中的一大奇观。电影《我和我的祖国》中"白昼流星"单元，讲述了一段关于航天的故事。让我们一起跟随两位少年，走进西北，看"流星"如何燃亮白昼，感受载人航天精神如何振奋人心。

《旅行日记》

下一站

陕西
延安

去哪里：
·延安革命
　纪念馆
·南泥湾
·宝塔山
·韩城古城

吃什么：
·羊杂碎
·荞面饸饹
·油糕凉粉

扫码开启旅行

延安！嫽扎咧！

　　"**嫽**扎咧"是地道陕西方言中最为经典的口头语，是"美极了""好极了"的意思。

　　陕北腰鼓敲响秧歌欢快的舞步，黄河涛声唱奏民族嘹亮的乐章，滚滚延河水，巍巍宝塔山，这就是延安——中国革命的圣地。

　　延安位于沟壑纵横的黄土高原腹地，宝塔山、清凉山、凤凰山鼎足而立，延河与南川河在这里交汇，形成了三山如屏、两水绕城的天然格局。

　　延安是中国革命的落脚点和出发点，是我国历史上的革命根据地中文化旧址保存规模最大、数量最多、布局最为完整的城市，有各类文物遗址8000余处，其中革命遗址400余处，是名副其实的"中国革命博物馆城"，也是全国爱国主义、革命传统和延安精神三大教育基地之一。

旅行家专栏

　　榜样，是最好的引导。一篇篇红色故事，一处处革命遗址，既浓缩着共同的历史记忆，也体现着时代的价值追求，能够让大家从中感悟到榜样的力量。

第一站：延安革命纪念馆—杨家岭革命旧址—枣园革命旧址

从延安革命纪念馆中轴平眺，16米高的毛泽东铜像屹立在广场上。铜像双手叉腰，头微微扬起，目视远方，熠熠生辉。目光所及皆是祖国的大好河山。放眼望去，纪念馆与蓝天、群山为伴，给人以壮阔豪迈之感。雄浑而厚重的建筑语言传承着红色基因、赓续着精神血脉，将伟大的延安精神永久镌刻于此。

杨家岭、枣园和王家坪等革命旧址中的一砖一瓦都充满红色记忆、红色精神，如今回望，在旧址的光影斑驳中，还有着那段岁月所留下的影子。对延安来说，窑洞早已超出了它的本体意义，是记录艰苦奋斗岁月的纸笔，是延安精神的载体和化身。

第二站：南泥湾—宝塔山

红色南泥湾，陕北好江南。远远望去，南泥湾是一片峡谷洼地，两边青山对出，树木茂盛，中间的金色稻田丰收在望。这里曾经一片荒凉，是南泥湾军民克服了重重困难，用勤劳的双手，把荒无人烟的"烂泥湾"变成了陕北的"好江南"。

南泥湾国家湿地公园是陕北黄土高原上的第一个国家级湿地公园，位于黄河支流——汾川河的源头区。公园内有丰富的景观资源和完善的基础服务设施，还有众多水鸟，是赏景的绝佳之处。

夜幕降临，大气恢宏的音乐就会在宝塔山下响起，绚丽的灯光秀像一幅幅美轮美奂的画卷徐徐展开，将祖国的光辉岁月呈现在大家眼前，让观众为之震撼，情不自禁赞叹祖国的美好。

离开延安，向东南前行，就来到了壶口瀑布的观景台。这是大自然的鬼斧神工，气势磅礴，声势浩大，这壮美的景象，宛如中华民族奋勇向前、顽强拼搏的精神，彰显着中华儿女旺盛蓬勃的生命力。

第三站：韩城古城—司马迁祠—吴堡古城

韩城古城，南临澽水，西依梁山，东北有塬，山水环抱，易守难攻，格局保护完好，是全国保存较好的明清古城之一。漫步在韩城古城，精美的砖雕、木雕、石雕，高大气派的走马门楼，或宽或窄的巷道，古香古色的明清建筑，每一处细节，韩城人都能讲出一段动人的故事。这座城，细细品读，才能知道它的文化底蕴到底有多深厚。

轻叩历史的大门，去拜访太史公司马迁。来到司马迁祠，拾阶而上，一步一景。司马迁祠建筑自坡下至顶端，依崖势而建，层层递进。登其巅，可东望滔滔黄河，西眺巍巍梁山，南瞰古魏长城，北观芝水长流，可谓山环水抱，气象万千。

　　吴堡古城地处黄河高原之东陲，是"一夫当关，万夫莫开"之险地。整座城用石头砌城墙、建房屋，是座石头建筑博物馆。因坐落在黄河天险的石山上，所以被古人誉为"铜吴堡"，也是西北地区迄今保存最完整的千年古县城之一。

课文直播间

像翩翩归来的燕子，
在追寻昔日的春光；
像茁壮成长的小树，
在追寻雨露和太阳。

……

延安，你的精神灿烂辉煌！
如果一旦失去了你啊，
那就仿佛没有了灵魂，
怎能向美好的未来展翅飞翔？

啊！延安，我把你追寻，
追寻信念，追寻金色的理想；
追寻温暖，追寻明媚的春光；
追寻光明，追寻火红的太阳！

——节选自《延安，我把你追寻》
人民教育出版社《语文》四年级上册第24课

《延安，我把你追寻》是一首充满着信念与激情的现代诗，它用形象说话，用一系列事物构成鲜明的意境。

首节用"燕子追求春光""小树追求雨露与阳光"作起兴，引出对革命圣地延安的追忆。"追寻"一词是贯穿全文的线索。诗人巧妙地精选了延安具有代表性的地点——延河、枣园、南泥湾、杨家岭，作为诗的意象。延河倒映出延安军民在延河边上讨论革命道理的景色，是延安革命的象征；"梨花的清香"暗指毛泽东及其他同志在这里从事革命活动，指导着中国的革命，这是领袖运筹帷幄的决策地；南泥湾、杨家岭所造就的南泥湾精神，是延安精神的重要组成部分，是中华民族的宝贵精神财富。

红色的历史不能忘怀，革命成功的经验不能丢弃。在回顾了和平时期我们取得的伟大成就之后，诗的尾声跨越巨大的历史空间，提炼精辟的革命精神，渗透红色的价值观教育，用形象的语言，唱响铿锵有力的旋律。

惊奇拆盲盒

1.窑洞冬暖夏凉的秘密是什么？

窑洞是黄土高原的传统民居建筑，或依山而凿，或平地而箍，或下沉入地，其历史可以追溯到新石器时代。窑洞建在土质坚硬的地方，屋顶和墙壁非常厚，能够阻隔热量的传递，冬暖夏凉，在干燥少雨、四季分明的北方十分宜居。

2.延安之名是怎么来的呢?

延安在古代曾名为"延州",是隋朝边关区域的军事重镇,时常动乱,百姓疾苦。古人希望边关地区能安定下来,不要有那么多的战乱。所以,常常给边关地区的名字中取一个"安"字,寄希望于"安"字能带来和平稳定。所以,延州在隋朝时改名为"延安"。

3.你知道延安人民最期待的盛宴是什么吗?

在陕北民间,"年茶饭"是百姓最为期待的盛宴。陕北年茶饭五花八门,主要有八大碗和杂粮小吃。我们常说的八大碗其实有软硬之分。通常说的"软八大碗"是指四碗荤菜和四碗素菜,"硬八大碗"指八碗都是荤菜,包括酥鸡、丸子、烧肉、炖羊肉等。八大碗也经常出现在陕西地区的红白喜事之中。

包罗万象

据传花木兰是延安人,你们不知道吧? 据记载,花木兰是鲜卑族人,后来才去了河套地区,而且鲜卑族世代有军户的制度。《木兰辞》中描述的地形特别符合花木兰从延安出发去往黄河延水关的路径,而且市集的分布也符合延安城市的结构,所以花木兰是延安人是可能的。

《旅行日记》

下一站

陕西
西安

去哪里：
· 西安城墙
· 大雁塔
· 华清宫
· 秦兵马俑
博物馆

吃什么：
· 水盆羊肉
· 葫芦鸡
· 肉夹馍
· 柿子饼

扫码开启旅行

观大秦雄狮 品汉唐气象

祖国西部的关中平原上有一座城，南依巍巍秦岭，北临浩浩渭水，山川秀美，历史悠久。这里100万年前就生活着蓝田人，7000年前发展出仰韶文化，西周时称为"丰镐"，汉代立名"长安"，取"长治久安"之意，那就是今天的陕西省西安市。

西安是中华文明和中华民族重要发祥地之一，是十三朝古都，有汉长安城未央宫遗址，唐长安城大明宫遗址，还有唐朝帝王的离宫别苑华清宫，秦始皇陵及兵马俑。这里有建筑艺术的杰作钟鼓楼，书法石刻艺术的殿堂碑林，还有我国现存最完整的古代城垣西安城墙，玄奘法师藏经的大雁塔……

这里弥漫着人间烟火，是百姓的乐园，有美食天堂回民街，有娱乐天堂大唐芙蓉园，这里还是丝绸之路的起点，中西文明交流的桥梁。

请随我去看2000多年前的大秦盛世，去看汉唐气象，去感受艺术的魅力，去听晨钟暮鼓，去品尝风味美食。

旅行家专栏

西安是历史文化名城，到处是名胜古迹，来西安体验历史文化之旅，四季皆有不同的风情。

第一站：请陪我一起去观古都风范

西安城墙—钟楼—回民街—碑林—大雁塔—大唐芙蓉园

西安古城墙是中国现存规模最大、保存最完整的古代城垣。城墙上道路平坦、宽阔，还可以骑行。登上城墙，可以远眺整个西安城。西安的城门也是一道风景，共有18座城门，东面的长乐门、西面的安定门、北面的安远门是西安主城门。

西安钟楼与鼓楼相对，是西安市地标建筑。钟楼所悬大钟，现已不用报时，但逢年过节依然会敲响，祈福平安。中央电视台春节联欢晚会每年除夕之夜辞旧迎新的"新年钟声"，就是钟楼景云钟的声音。

钟楼旁边的回民街，是西安著名的美食文化街区。在这里可以品尝到西安特色的各种美食，肉夹馍、羊肉泡馍、凉皮、岐山面、饺子宴等，让你胃口大开，唇齿留香。

西安碑林博物馆坐落于三学街，是一座艺术宝库，收藏古代碑刻、雕像等艺术品成千上万。这些藏品时间跨度长、数量多、艺术价值高、考古价值大。我们熟悉的《多宝塔碑》等书法真迹就收藏于此。

大雁塔是一座唐代四方楼阁式砖塔，因为位于大慈恩寺内，又名"慈恩寺塔"。据说，这是唐代玄奘法师为供奉从天竺（今印度）取回来的经卷、佛像和舍利而主持修建的。大雁塔北广场夜间有亚洲最大的音乐喷泉演出。

大唐芙蓉园，顾名思义是展示盛唐风貌的大型皇家园林式文化主题公园。这里分别从帝王文化、诗歌文化、饮食文化等方面，全面展示了大唐气象。这里还拥有全球幅宽最大的水幕电影。

第二站：请陪我一起寻觅历史遗迹

华清宫—兵谏亭—烽火台—秦始皇兵马俑博物馆

白居易的一首《长恨歌》让我们记住了唐玄宗与杨贵妃的爱情故事，当然也记住了贵妃沐浴的华清池。华清宫是唐代帝王游幸的别宫，倚山而建，规模宏大，建筑壮丽。

华清池在骊山脚下，南靠骊山，北临渭水，有"天下第一御泉之称"。震惊中外的西安事变就发生在这里，兵谏亭就是为纪念西安事变而建的。

移步山巅的烽火台，周幽王为博褒姒一笑，烽火戏诸侯的故事犹在耳边。

来到西安，必须打卡的是位于骊山脚下的秦始皇兵马俑博物馆，这是中国最大的古代军事博物馆，被誉为"世界第八大奇迹"。秦始皇兵马俑博物馆目前开放的有一、二、三号3个兵马俑坑。

观看兵马俑，要了解一些常识。兵马俑是古代墓葬雕塑的一个类别，即制成兵马（战车、战马、士兵）形状的陪葬品。从头饰上可以区别士兵与军吏。士兵不戴冠，而普通军吏与将军的冠和铠甲也是有区别的。俑坑中最多的是武士俑，平均身高约1.8米，个个手执青铜兵器，身穿甲片细密的铠甲。

西安碑林博物馆

古城墙

永宁门

太乙路

长安中路

二环南路东段

大雁塔

长安南路

大唐芙蓉园

纵横拓展

西安、洛阳、北京、南京、开封并称为中国五大古都。

其中，西安现为陕西省省会，经历西周、秦、西汉、新朝、东汉、西晋、前赵、前秦、后秦、西魏、北周、隋、唐，乃十三朝古都。洛阳，位于河南省，十三朝古都；北京，我国首都，六朝古都；南京，江苏省省会，六朝古都；开封，位于河南省，八朝古都。

秦兵马俑在我国西安的临潼出土，它举世无双，是享誉世界的珍贵历史文物。

兵马俑规模宏大。已发掘的三个俑坑，总面积近20000平方米，差不多有五十个篮球场那么大，坑内有兵马俑近八千个。在三个俑坑中，一号坑最大，东西长230米，南北宽62米，总面积14260平方米；坑里的兵马俑也最多，有六千多个。一号坑上面，现在已经盖起了一座巨大的拱形大厅。站在高处鸟瞰，坑里的兵、马俑，一行行、一列列，十分整齐，排成了一个巨大的长方形军阵，真像是秦始皇当年统率的一支南征北战、所向披靡的大军。

——节选自《秦兵马俑》人民教育出版社《语文》四年级上册19课

秦兵马俑刚出土的时候是彩色的，后来可能是因为出土后迅速氧化的原因变成了现在的近乎灰黑色。而这篇文章为我们还原了秦兵马俑彩色的姿态，让我们更好地了解秦朝。

课文以"举世无双""珍贵历史文物"总起，抓住秦兵马俑规模宏大和类型众多、个性鲜明两个方面。其中数据，具体而翔实，让我们深刻感受了兵马俑的规模宏大。作者选取了将军俑、武士俑、骑兵俑、马俑等代表性的兵马俑，从身材体格、衣着披挂、动作神态等方面，准确、细腻地表现了兵马俑的类型众多、神态各应、个性鲜明。最后照应开头，升华中心。

文中既有翔实的说明和描述，也有丰富的联想与想象，让我们如回秦朝，如见秦师，自豪之感油然而生。如果说开头是听作者赞叹，结尾就是发自我们读者内心的呼声了。

惊奇拆盲盒

1.你知道丝绸之路有两条吗？

丝绸之路有陆上丝绸之路和海上丝绸之路，是古代中国与外国的商贸大道、文化大道、友谊大道。陆上丝绸之路的起点就在长安，往西一直延伸到罗马，横贯亚欧。海上丝绸之路以东海和南海为中心，主要起点是广州、泉州和宁波。

唐代的印刷技术尚不发达，因科考需要，儒家经典供不应求。唐文宗接受国子监的建议，把儒家的12部典籍，花费7年时间在石碑上刻成《开成石经》，保证了经典的准确性和权威性，是中国最早的"高考教材"。

西安美食众多，面食是一大特色。biangbiang面是陕西关中民间传统风味面食，特指关中麦子磨成的面粉，通常手工拉成长宽厚的面条，因为制作过程中有"biang、biang"的声音而得名。

包罗万象

1974年3月，临潼西杨村村民偶然发现几个残破的陶俑，后经文物考古专家判断并进一步发掘，秦兵马俑才露出真容，震惊世界，还被列入《世界遗产名录》，并被誉为"世界第八大奇迹"，先后有200多位外国元首和政府首脑参观访问秦兵马俑博物馆。

《旅行日记》

下一站

陕西

华山

去哪里：

·缆车、栈道
·观日台、云梯
·西岳庙

扫码开启旅行

吃什么：

·黄河鲶鱼
·香椿辣子
·大刀面、踅面
·华阴凉粉

华山天下险
勇者上山巅

你们知道被称为"奇险天下第一山"的是哪座山吗？没错，就是华山。华山南接秦岭，北瞰黄河，雅称"太华山"。华山是"五岳"中的西岳，是"五岳"中海拔最高、山势最险峻的一座山。它由一整块巨大的花岗岩体构成，壁立千仞，山势陡峭，自古以来就有"华山天下险"的说法。

华山不仅雄伟奇险，还孕育了璀璨的文化。华山是文化之地，无数文人墨客在此吟诗作赋，李白、陆游、白居易、苏轼等大诗人都在此留下了不朽的诗篇；华山又是宗教之地，它是道教的发源地之一，被全真派奉为"圣地"；华山还是神话之地，沉香救母、巨灵擘山、吹箫引凤，无一不在诉说着这片大地的神奇瑰丽；华山更是"武侠"之地，华山论剑、决战华山之巅令无数武侠迷心驰神往……

北宋寇准曾感叹华山"只有天在上，更无山与齐"，今天我们就一起去以"雄奇"著称的西岳华山看一看！

旅行家专栏

华山有"东西南北中"五大主峰，五峰高耸兀立，又遥遥相望。根据登山的难易程度，可以选择不同的行进路线，推荐选择的路线是西上北下，这条路线不仅能饱览五峰秀色，游览起来也比较轻松。

第一站：请随我游西、南、东三峰

西峰—南峰—东峰

我们先从西峰索道口乘坐缆车，这道缆车上下落差894米，让人有种直上云霄的感觉。从索道口下来，约莫爬二十分钟，就可以登顶西峰了。西峰状似莲花，峰下绝崖千丈，似刀削斧劈，让人不得不惊叹大自然的鬼斧神工。

南峰是华山最高峰，自然险峻，李白有诗赞曰："西岳峥嵘何壮哉，黄河如丝天际来。"登上南峰，俯瞰苍茫的群山延绵起伏，黄河、渭河蜿蜒逶迤，不由得让人心生万丈豪情。

下了南峰往东峰去，要经历令人"闻风丧胆"的长空栈道。长空栈道号称"华山第一天险"，它修建在悬崖绝壁之上。人们仅能在30厘米宽的木板路上落脚，下面就是万丈深渊。人们只能紧贴峭壁，屏气凝神，一步一步地挪动前行。尽管如此，挑战者还是络绎不绝，这就是"无限风光在险峰"的魅力吧！

在通往下棋亭的必经之路上，"鹞子翻身"正在等着你！落脚的石窟开凿在倒悬的崖壁上，视线被山势阻挡，只能拉紧铁索，以脚尖探寻石窝，一脚一脚交替而下。一路下坡，就来到了东峰。

第二站：请随我游中、北二峰

东峰—中峰—北峰—西岳庙

东峰是观日出的最佳点，又叫"朝阳峰"。如果你夜宿东峰，就可以起个大早，来到观日台，观东峰日出。日出可不是每天都能看到，想要一饱眼福还得天公作美。

向西进发去中峰，你会看到一条与地面完全垂直的石梯，这就是"云梯"。从云梯上往下看去，令人头晕目眩。有很多勇者会向这道天梯发起挑战，这也是前往中峰的一条捷径。中峰又叫玉女峰，传说是秦穆公的女儿弄玉的修身之地，这里环境清幽，树木葱茏。

由中峰到北峰，会看到一座城楼般的石拱门，这就是金锁关，杜甫《望岳》诗中"箭栝通天有一门"写的就是这里。继续前行，翻过如龙脊般高高耸起的"苍龙岭"，就来到了北峰。北峰最低，站在北峰远眺，天外的三峰宛若一个大元宝，甚是有趣！

下山后，如果你还有充沛的精力，可以去西岳庙看看。西岳庙始建于西汉，是历代帝王供奉和祭祀华山神的地方。西岳庙建筑宏伟，布局严谨，有"陕西故宫"的美誉。

纵横拓展

　　三山五岳，泛指华夏大地名山。相传，"三山"是东海之外的三座仙山，名为蓬莱、方丈、瀛洲，秦始皇为求长生不老，还曾派人入海寻仙人、求神药。如今，"三山"一般是指人们所喜欢的三座旅游名山：安徽黄山、江西庐山、浙江雁荡山。你知道"五岳"又是哪五座山吗？

课文直播间

秋夜将晓出篱门迎凉有感

[宋] 陆游

三万里河东入海，五千仞岳上摩天。

遗民泪尽胡尘里，南望王师又一年。

——节选自《古诗三首——秋夜将晓出篱门迎凉有感》人民教育出版社《语文》五年级下册第9课

名师点拨

　　这首诗的诗题比较长，"秋夜将晓出篱门迎凉有感"。从诗题中我们可以知晓这首诗写的时间：是秋天天快要亮的时候，那年陆游68岁。这是一首有感诗，显然写的是心情。而使诗人有感而发的事件则是：走出篱笆门迎凉。

　　是什么让诗人如此伤感呢？是故土的沦丧。黄河、西岳当时仍然在金人的统治之下，诗人忧河山，忧遗民，忧国家。

　　诗人忧河山，却用夸张的笔触，描写出黄河与西岳的壮美。"三万里河东入海，五千仞岳上摩天。"两句一纵一横，对仗工整，勾勒出了中原河山广袤无垠的轮廓。黄河没有三万里，华山亦不是五千仞，"三万"和"五千"是夸张和虚指，极言其"势"；"入""摩"二字赋予原本静止的"江山"以动感，壮美的江山图仿佛在我们面前徐徐展开。黄河的气势磅礴、华山的险峻奇伟，表现了诗人对这片土地爱得深沉。但令诗人无奈的是国破家亡，壮美的河山却在胡人的统治之下，"遗民泪尽胡尘里，南望王师又一年"。"泪尽"，道尽了遗民的苦难、辛酸；"南望"，表现了遗民无尽的期盼、无声的呐喊。这是何等的悲怆！诗人忧民忧国的情怀，却借着想象遗民的心迹而抒发，这是诗人巧妙的构思。

惊奇拆盲盒

1.自古华山一条路？

　　是，也不是。

　　这句话一开始是形容华山山势险峻的。在古时候，陡峭的华山几乎无人能登顶。后来，山上的道士凿出了一条小路，这就是"自古华山一条路"。经过了多年开凿，"自古华山一条路"就成了登顶华山唯一的路。这条路从玉泉院开始，由北向南，历经千尺幢、百尺峡、老君犁沟、苍龙岭等天险后，便可环线游览五大主峰了。

直到七十多年前，中国人民解放军为了追击国民党残部，从黄甫峪攀上华山北峰，创造了"神兵飞越天险，英雄智取华山"的奇迹，才结束了"自古华山一条路"的历史，凿通了华山第二条登山道——"智取华山路"。后来这个故事被拍成了电影《智取华山》，感兴趣的朋友可以看一看。

2.你知道"五岳"吗？

五岳是指中原地区的五座名山，分别是中岳嵩山（河南省登封市）、东岳泰山（山东省泰安市）、西岳华山（陕西省华阴市）、南岳衡山（湖南省衡阳市）、北岳恒山（山西省大同市）。人们这样形容各具特色的五岳："恒山如行，华山如立，泰山如坐，衡山如飞，嵩山如卧。"

包罗万象 华山因位居我国版图最中央而又名"中华山"，近现代学者多认为，华山周围聚居的部族后演化为"中华"和"中华民族"。于是华山就有了"华夏之根"之称。

读万卷书 行万里路

即刻出发 跟着课本去旅行

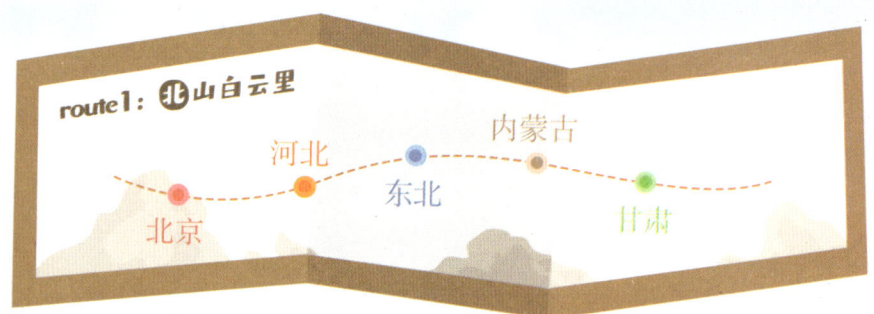

route1：北山白云里

内蒙古

河北

东北

北京

甘肃

我们为你准备的"旅行"背包里装有…

城市历史讲解视频

文化名城的前世故事

世界文化遗产名录

不可错过的热门打卡地

线上云游惊奇盲盒

这些冷知识你都知道吗

历史人文海量影单

历史人文爱好者速速收藏

扫码领取
你的专属旅行背包